宠物
临床显微检验及图谱

（第二版）

范 开 刘明江 张兆霞 主编

U0222870

化学工业出版社

·北京·

图书在版编目（CIP）数据

宠物临床显微检验及图谱 / 范开，刘明江，张兆霞主
编.—2版.—北京：化学工业出版社，2021.6 （2025.1 重印）
　ISBN 978-7-122-38808-7

　Ⅰ.①宠…　Ⅱ.①范…②刘…③张…　Ⅲ.①宠物-
动物疾病-镜检-图谱　Ⅳ.①S858.93-64

中国版本图书馆CIP数据核字（2021）第053439号

责任编辑：邵桂林　　　　　　　　　　　　　装帧设计：关　飞
责任校对：刘　颖

出版发行：化学工业出版社（北京市东城区青年湖南街13号　邮政编码100011）
印　　装：北京缤索印刷有限公司
787mm×1092mm　1/16　印张11¼　字数273千字　　2025年1月北京第2版第7次印刷

购书咨询：010-64518888　　　　　　　　售后服务：010-64518899
网　　址：http://www.cip.com.cn
凡购买本书，如有缺损质量问题，本社销售中心负责调换。

定　　价：85.00元

《宠物临床显微检验及图谱》
本书编写人员

主编

范　开　　刘明江　　张兆霞

其他参编

赵学思　辛　良　陈一帆　李　江

王德海　常建宇　万　天　林司龙

侯忠勇　吴　磊

前　言

　　随着宠物行业的发展，显微镜检验技术已在宠物临床广泛应用，并成为宠物疾病诊断的必备基础技术之一。不同于其他依靠机器判读的实验室检查，显微镜检验对于检验人员的要求很高，检验人员的理论知识和经验积累程度将直接影响结果的准确度，而这将进一步影响到临床治疗的方向和结果。目前关于宠物临床病例样品的显微镜检测图谱方面的资料仍然较为匮乏。

　　我们通过对大量临床病例的显微镜检测图谱的归类、整理，于2006年编撰出版了《宠物临床显微检验及图谱》，填补了国内这方面的空白。该书自出版至今，得到了广大读者的认可，部分教学单位将其作为临床实验室检验的教学参考书。随着宠物饲养量的增加、宠物疾病的多样化和复杂化，以及实验室检验技术的不断发展，兽医临床人员对实验室显微镜检验知识的需求也在增长。该书对部分技术操作的描述已显简略，部分目前常见的显微镜检验图片也存在欠缺。应读者需求，我们对该书内容进行补充完善，予以修订再版，以期更好地服务广大兽医临床工作者。

　　第二版仍以宠物临床实验室检验中的显微镜检验为主，对相关样品的检验操作步骤的描述进行了细化，并新增100余幅显微镜检验图片。全书仍分为六章，第一章介绍了显微镜的使用、各种检验标本的取样及镜检的基本操作和技术要点，较上一版加强了显微镜维护、不同抗凝剂性能特点方面的描述，并细化了血、尿、脱落细胞等样品采集的操作；第二章主要对比介绍了犬、猫、猪、兔、鼠、禽的血液细胞形态及常见的异常形态，新增了影红细胞、角膜红细胞、海因茨小体、豪乔氏小体等红细胞异常情况，以及巴贝斯虫、肝簇虫等血液寄生虫的文字介绍和图像资料；第三章介绍了尿沉渣的检查，新增了胱氨酸、重尿酸氨、碳酸钙、磷酸铵镁等结晶的图像及临床意义；第四章介绍了粪便中常见的消化产物、寄生虫及虫卵、易与虫卵混淆的物体，新增了部分肠道寄生虫的图像及描述；第五章介绍了宠物皮肤感染的主要病原体，包括常见体表寄生虫、细菌及真菌等，新增了姬螯螨、毛发结构、毛发生长状态判断等的图片资料和较细致的介绍，修正了上一版中对毛发色素颗粒的认识；第六章主要介绍了皮肤、体腔液及阴道涂片中的脱落细胞，新增了来自皮脂腺瘤、肛周腺瘤、基底细胞瘤、鳞状上皮细胞癌、脂肪瘤、黑色素瘤、浆细胞瘤、肥大细胞瘤，以及嗜酸性炎、肉芽肿性炎等的脱落细胞图像等。

本书中的放大倍率以物镜与目镜放大倍率的乘积表示，如"100×"即为10倍物镜下之所见。为较清晰地表现被摄物的细节，拍摄中常使用相机的光学变焦功能，此时的放大倍率以物镜与目镜放大倍率的乘积再乘光学变焦倍数表示，如"100×5"，即为10倍物镜加5倍光学变焦之所见。

本次修订提供了较第一版更丰富的内容，希望继续成为广大兽医临床工作者、兽医专业学生及宠物饲养者的参考书籍。

由于水平所限，加之时间较紧，书中难免存在不妥之处，希望广大读者阅读后批评指正，以期将来继续修订再版。

编者

2021年5月

第一版前言

当前，随着宠物饲养量的增加，宠物门诊越来越成为兽医临床治疗工作的重要内容。

正确诊断是制定合理的治疗方案的前提，是一切临床工作的基础。实验室检验是宠物疾病诊断的有效手段，有时甚至是确诊的依据。实验室检验的技术水平对诊断的正确性有比较关键的作用。

目前的兽医教育，仍以马、牛、猪、鸡等传统动物的疾病诊治为主要教学内容，很少涉及宠物疾病；相关的诊断学课程，也多以大家畜为实验动物，对宠物疾病实验室检验技术的介绍很不足。因此，实验室检验技术成为制约宠物临床诊疗水平的关键问题之一。

显微镜是宠物临床实验室最重要的工具，显微镜检验也是实验室检验中工作量最大的项目，它要求工作人员掌握一定的观察检验和操作技巧。一般的临床检查主要是通过感官直接观察动物的宏观状态；而通过显微镜检验动物的血、粪、尿、皮样、脱落细胞等组织样品，可以看作是对动物疾病微观症状的观察，可为疾病的诊断提供进一步的依据。显微镜检验是一项操作性很强的工作，相关的内容很难以单纯的文字形式表述，检验学图谱便成为重要的参考工具。

本书以介绍宠物门诊实验室检验中的显微镜检验为主。第一章介绍了显微镜检验的使用、各种检验标本的取样和显微镜检验（简称镜检）的基本操作，读者应注意不同标本的取样及镜检的操作技巧；第二章主要对比介绍了犬、猫、猪、兔、鼠、禽的血液细胞形态，读者应注意分辨不同宠物血细胞的特点，防止误判；第三章介绍了尿沉渣的形态学检验，读者可注意泌尿系统不同层次脱落上皮的形态比较；第四章介绍了粪便中常见的消化产物、寄生虫及虫卵、易与虫卵混淆物，读者主要鉴别各种寄生虫及虫卵的形态特征；第五章介绍了宠物皮肤感染的主要病原体；第六章主要介绍了体腔液中的脱落细胞，读者应注意鉴别恶变细胞的特征。

本书中图片的拍摄，全部使用数码相机。图片基本忠实于镜下所见的真实色彩，以利读者在工作中鉴别。为便于读者鉴别目标物的尺寸，拍摄时全部选用10倍目镜。对部分检验，本书提供了同类型样品不同放大倍率下的图像。图谱的放大倍率以物镜与目镜放大倍率的乘积表示，如"100×"，即为10倍物镜下之所见。为较清晰地表现被摄物的细节，拍摄中常使用相机的光学变焦功能，此时的放大倍率以物镜与目镜放大倍率的乘积再乘光学变焦倍数表示，如"100×5"，即为10倍物镜加5倍光学变焦之所见。

在实际的检验工作中，读者可参考本书提供的方法，主要保存各种典型或罕见病例的病料样品；对难以保存的病料，也可照相留取资料，以便日后交流研究。在目前数码相机普及的条件下，通过简单的非专业显微照相手段，如用适当的非专业数码相机直接对准显微镜目镜照相，有时也可获得质量较好的照片。据此，读者也可建立起自己的实验室检验图谱。

本书可作为动物临床检验工作的入门书籍，以及非专业爱好者、宠物养殖业者的自学参考。关于实验室检验的各项指标的正常值、诊断意义，以及相关疾病的治疗方法等，读者尚需参考相关教材。

编者
2006年5月

目　录

第一章 🐾 基本操作

临床检查主要是通过感官直接观察动物宏观的症状，而对动物的组织和排泄物样品等，还可以进行实验室检验。实验室检验是诊断疾病的重要手段，有时甚至是确诊的依据。实验室检验的技术水平对诊断的正确性有比较关键的作用。

检验室应设在安静、干燥、清洁、通风良好的专用房屋内，室内应有上下水和足够的照明设施。如在北方地区，还应严格注意防尘。

宠物门诊检验室最基本的装备主要包括：普通生物显微镜、血细胞计数板、计数器、白细胞分类计数器、微量加样器、离心机、称量设备（天平、量筒等）、酒精灯、冰箱。另外，还需购入载玻片、盖玻片、一次性塑料吸管和试管、染料和其他化学试剂、试纸等耗材。

具备了上述条件，就可以开展宠物疾病的最基本的实验室检验了。应用这些设备，可以进行血液学常规检查、粪便和尿沉渣检查、皮肤科检查及各种脱落细胞的检查。

需要注意的是，虽然宠物临床检验室处理的多数病例实际并非人畜共患病，但仍必须注意生物防护问题。所有生物样本，包括血液或其他组织、体液等均应视为具有潜在生物安全风险的样本来处理。应注意检验室工作人员的个人卫生及防护，保持穿着合规的实验服，佩戴手套，不应披散长发，不宜穿着暴露皮肤的拖鞋；若皮肤意外接触病料后应尽快清洗消毒。检验所用器械和工作区域应定期消毒，检验室内应禁止饮食或存放食物，废弃的尖锐物均应置于利器盒内。

第一节 显微镜及操作的注意事项

显微镜是实验室中最重要的设备。了解显微镜的工作原理、使用操作与维护，可提高检查结果的可靠性，延长设备的寿命。

目前常用的普通生物显微镜，目镜多为10倍，物镜一般包括4倍、10倍、40倍、100倍（油镜）。对不同的检验目标，应选用恰当的物镜。在观察玻片时，应先使用低倍镜（4×或10×物镜）进行扫查，选择适宜的观察区域，然后依次转换使用高倍镜（40×物镜）及油镜（100×物镜）观察。

使用低倍物镜时，应适当调暗光源、缩小光圈，尤其应注意将聚光镜位置降低，以得到较大的对比度；在使用高倍物镜观察时，宜适当调亮光源，使光圈开放较大，将聚光镜升到较高位置，以获得较明亮的视野。

显微镜使用结束，如短时间内再次使用，可将其光源调至最暗；若短时间内不再使用，需将光源关闭。

欲使用油镜时，应先将镜头油（即香柏油，为一种树脂）滴在被观察的玻片上，再将玻片置于载物台上。如在载物台上装置好玻片后再滴油，操作过程中易使镜头油污染显微镜。油镜使用后，当立即用擦镜头纸擦去镜头上的油滴，然后用擦镜头纸蘸擦镜液（乙醚：无水乙醇＝1：1，或二甲苯）再擦拭，以除去残存的油污。如油镜的视野变得模糊，多数情况下是由于上次使用后未擦净的镜头油固化于镜头表面所致。此时应旋下油镜，蘸擦镜液认真擦洗镜片表面，但万不可拆开油镜镜片组或将油镜浸泡于擦镜液中。

恰当的维护将有利于显微镜保持良好的性能。应为显微镜配备保护罩，在闲置时可有效隔离灰尘等污染物（注意，当光源点亮时，不可在显微镜上罩防尘罩）。应定期用擦镜纸蘸取擦镜液清除镜头、载物台上沾染的指纹等污迹；擦拭镜头必须用专用擦镜纸，不可用其他纸张或布料代替，且擦镜纸必须防尘保存。存放显微镜时，应以4×物镜对准观察光路，并将载物台降到低点，以保持载物台和物镜之间的最大距离，从而降低意外损坏物镜的可能性。另外，应尽量保持光路系统的密闭状态，不宜频繁拆换镜头。

无特殊原因，非专业维修人员不宜拆卸显微镜。当常规维护、保养不能保持显微镜良好性能时，应考虑专业的清洗和保养。

第二节　血液检查的基本操作

血液检查的内容很多，操作时可采取人工法或自动分析仪。由于不同动物血液细胞的尺寸等差异较大，如非专用于动物的分析仪，不宜作兽医实验室检验之用。就目前情况看，即使可用于兽医检验的自动分析仪，在作白细胞分类计数项目时仍有很大的误差，而且自动分析仪的使用成本较高，所以，血液学常规检查的显微镜人工计数仍显得非常重要。

本书介绍了血常规检验中显微镜操作的项目，包括红、白细胞的计数和形态学检验。上述检验项目，最好有被检动物健康时的基础值作对照，或在疾病治疗过程中做到连续监测，这样才能更好地判断当前病情和预后。

经过一定时间的练习，兽医检验员应可在20～30分钟内完成一个样本上述三项指标的测定。

1. 血液样本的采集和保存

正确的血液样本采集方法是血液学检测的前提。采血技术员首先应该确认所需进行检测的项目，根据项目类型确定适当的采血器具和采血部位。不适当地采集和处理样本，会影响检测结果的可靠性，甚至误导临床兽医的判断。

不同的动物，其便于采血的部位不同（**图1-1～图1-6**）。中等体型的犬，可在前肢臂头静脉、后肢的跗背侧静脉、隐外侧静脉；猫和体型较小的犬，可在颈静脉、后肢内侧的隐静脉采血；猪、兔可在耳背的耳缘静脉采血；长尾的鼠，可在尾背侧的尾静脉采血。

采血前，可适当剪除采血区域的毛发；对毛发较长、较软的动物，也可用酒精棉打湿局部后分开被毛，暴露血管部位。在清洁、消毒采血部位的过程中，操作人员应该避免过度挤压周围组织，以防组织损伤。除颈静脉采血外，一般采血前均使用止血带压迫被采血静脉的近心端，使静脉充盈而可见，然后将采血针头刺入血管并采集血液；若采血针头刺入预定部位后未见回血，则应先保持针头在皮下不动，待重新定位血管后再直接刺入血管，不宜将采血针头反复抽出和刺入皮肤。静脉采血时，须保持止血带对血管近心端的压迫。

图 1-1

跖背侧静脉和隐外侧静脉采血

（主要适用于犬）

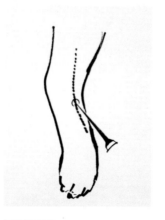

图 1-2

前肢臂头静脉采血

（一般适用于犬、猫）

图 1-3

隐静脉采血

（主要适用于猫）

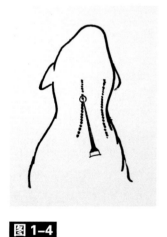

图 1-4

颈静脉采血

（适用于血量较少的犬、猫）

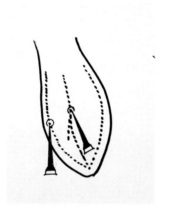

图 1-5

耳背采血

（适用于兔、猪等耳静脉明显者）

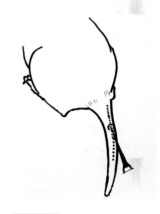

图 1-6

尾静脉采血

（适用于长尾的鼠）

血液采集后，通常在2～5分钟内就会凝集，形成血凝块。而某些检测指标需对血液样本进行抗凝处理，常用的抗凝剂有乙二胺四乙酸钾盐或钠盐（EDTA）、肝素、柠檬酸钠三种。各抗凝剂的作用特点如表1-1所示。

表1-1 常用抗凝剂的作用特点比较

抗凝剂	作用途径	优点	缺点
EDTA	螯合钙	抗凝效果可保持6h，适合作常规血液学检查	会导致细胞收缩，钠盐比钾盐的溶解度要小
肝素	抗凝血酶	对红细胞的大小和溶血影响最小；适合用于血气和生化检测	白细胞易形成团块；可影响白细胞染色效果；抗凝时间不超过8小时
柠檬酸钠	螯合钙	可用于输血	对多种生化检测有干扰；抗凝效果只能持续几小时；使细胞皱缩

根据动物体型及所需检测的项目不同，选择不同容量的注射器（常用1～2毫升注射器）。不适当地采集和处理血液样本会造成细胞膜损伤，导致溶血和白细胞变形，从而无法进行判读。应当注意：

① 不应在皮肤水肿、创伤及炎症等处采血。

② 采血前消毒皮肤时，酒精用量适当。

③ 采血前保证注射器针头连接紧密，防止采血时吸入气泡，造成机械性溶血。

④ 当动物体型较小或血管过细而需要使用较细的针头时，必须缓慢抽血，以免因负压过大而导致溶血。

⑤ 采血太慢或血液与抗凝剂接触延迟，会形成血凝块。

⑥ 将血液样本注入抗凝管时，应去掉针头，沿管壁注入；血液与抗凝剂混合时应对容器作缓慢而大幅度的摇动；血液样本的量应与抗凝剂的量应有适当比例关系。

⑦ 血液样本采集后应立即处理，保存时间过长，可导致细胞变性，采集后1小时内不能处理的，应冷藏保存。

目前，商品化真空抗凝管含有与试管容积成比例的抗凝剂，并以不同颜色的盖子标识所含抗凝剂种类：淡紫色——EDTA；绿色——肝素；蓝色——柠檬酸钠。另外，红色盖子的真空管中不含抗凝剂，称为"促凝管"。注意不同厂家生产的抗凝管中抗凝剂浓度会不相同，因此须严格按照说明进行相关操作。

2. 人工血液检查的意义

血液检查主要分为细胞数量检查和细胞形态检查两个方面。血细胞计数主要包括红细胞、白细胞计数、血小板计数和白细胞的分类计数。目前，血细胞自动分析仪已被广泛地运用于临床，部分自动细胞计数仪还可以进行精确的血小板计数和网织红细胞计数。虽然血细胞自动分析仪较人工计数省工、省时，但血细胞分析仪的检测结果仍会受到仪器性能、抗凝剂、样本制作水平、样本保存时间等因素的影响，从而存在一定的假阳性率或假阴性率；另外，血细胞分析仪不能对血细胞形态学改变做出准确检测，比如异常红细胞形态，粒细胞中毒改变，血小板的形态异常或红细胞寄生虫等都是仪器无法提示的。因此，在临床工作中，需结合临床病例实际情况和血细胞分析仪检测结果的提示，决定是否进行人工血液检查复检，以提高检测的准确率，并减少因忽视血细胞的形态学分析造成的漏诊、误诊现象。此外，在无法配备、使用血细胞分析仪的情况下开展工作，掌握人工血液检查的操作方法是必不可少的。

3. 红细胞总数检验

（1）原理　以生理盐水为稀释液，将全血作200倍稀释，滴入血细胞计数板的计算室，在显微镜下计数，经过换算即可求得每立方毫米血液内的红细胞数。全血的生理盐水稀释液中会保留白细胞，但对红细胞计数影响不大。

（2）操作方法　在塑料试管中注入生理盐水199份（推荐用玻璃移液管量取3.98毫升，如用普通注射器量取，会有一定的误差），取抗凝全血1份加入其中（推荐用微量加样器吸取20微升吹入生理盐水中，并吹吸数次），并混匀成200倍稀释的红细胞悬液。

将血细胞计数板（**图1-7**）平放，将盖玻片覆盖于计数室上，用塑料吸管取少量红细胞悬液，以挂于管口处的半滴悬液轻轻接触盖玻片和计数板的结合处，任其自动流入并充满计数室（**图1–8**），将计数板在显微镜载物台上固定好，静置3分钟，即可计数。

在镜下计数时，先用4倍物镜将血细胞计数板的计数室置于视野中央（**图1–9**），再换用低倍（10×）物镜找到计数室中央的红细胞计数区（**图1–10**），然后转用高倍（40×）物镜，计数中央大方格内四角和中心共五个中方格（80个小方格）内的全部红细胞数。为避免重复和遗漏，规定对压在方格左边和上边内侧线上的红细胞均计在本格内，压在右边和下边内侧线上的红细胞则不计在内，即"数上不数下，数左不数右"（**图1–11**）。计数完毕，按下列公式计算：计数结果×10000=红细胞数/立方毫米血液。

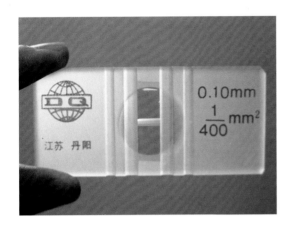

图1–7

血细胞计数板

（共有上下两个计数室，检测同一血样时，可分别用于计数红细胞和白细胞）

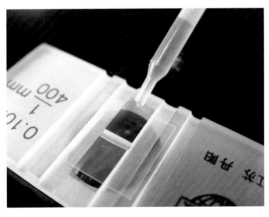

图1–8

血细胞计数板的加样方法

（在计数板上盖好盖玻片，将红细胞悬液小心地注入一个计数室；对侧计数室则注入白细胞悬液）

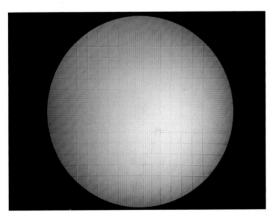

图1–9

血细胞计数板一个计数室的镜下全貌（40×）

（中央双线格区为红细胞计数区，四角的单线格区为白细胞计数区）

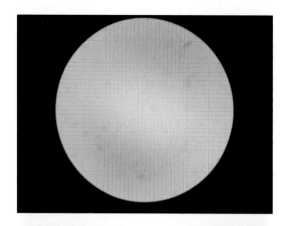

图 1-10

血细胞计数板的红细胞计数区（100×）

（共25个双线中方格，每个中方格内含16个小方格。对每份血样，须计数四角和中央共5个中方格内的红细胞总数）

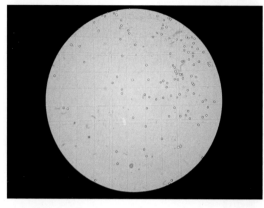

图 1-11

红细胞计数时的一个视野（400×）

（注意对压线红细胞的取舍原则）

操作完毕，计数板用蒸馏水冲洗、丝绸或绒布擦净，不可用粗布擦拭，也不能用有机溶剂冲洗。

（3）临床意义

① 红细胞数增多：分为相对性增多和绝对性增多。红细胞相对性增多实际是血液中液体成分减少所致，临床见于剧烈吐泻、大量出汗、多尿、渗出液和漏出液大量形成、饮水不足等引起的机体脱水、血液浓缩。红细胞绝对性增多少见。

② 红细胞数减少：主要是由于红细胞损失过多或生成不足造成，见于各种类型的贫血。

a. 失血性贫血：由于失血过多、血压下降，体液进入循环而稀释了血液所致，见于内脏破裂、手术和创伤、伴有胃肠或内脏器官出血的疾病。

b. 溶血性贫血：主要是红细胞破坏过多所致，见于某些中毒病、血液寄生虫病等。

c. 营养不良性贫血：由于蛋白质、铁、铜、钴、B族维生素等造血物质缺乏导致红细胞生成不足。

d. 再生障碍性贫血。由于骨髓造血机能抑制所致。

4. 白细胞总数检验

（1）原理　用白细胞稀释液将血液成20倍稀释。白细胞计数用的稀释液为1%～3%冰醋酸溶液（每100毫升蒸馏水加冰醋酸2毫升左右），再加入数滴结晶紫或美蓝溶液。其中，稀酸溶液可破坏红细胞，仅保留白细胞，便于计数；染料能使白细胞核略微着色，既方便计数，也可使白细胞稀释液与红细胞稀释液相区别。

（2）操作方法　在塑料试管中注入生理盐水19份（推荐用玻璃移液管或微量加样器量取0.38毫升，如用普通1毫升注射器量取，会有较大的误差），取抗凝全血1份（推荐用微量加样器吸取20微升吹入白细胞稀释液中，并吹吸数次），并混匀成20倍稀释的白细胞悬液；与红细胞计数同法加样，用低倍镜将计算室四角4个大方格（**图1-12**）内的全部白细胞按顺序计数，对压线细胞的取舍原则同红细胞计数。最后，按下列公式计算：

$$计数结果×50=白细胞数/立方毫米血液$$

注意：初学者易把尘埃异物与白细胞混淆（**图1-13**）。白细胞在低倍镜下呈圆形、淡蓝紫色、边缘清楚，其大小形状、颜色、光泽较为一致，而其他异物无此特点。必要时可用高倍镜观察有无细胞结构，加以区别（**图1-14**）。

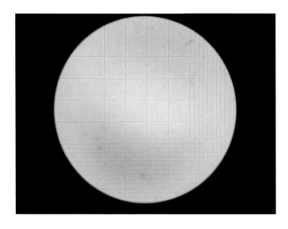

图 1-12

位于计数室左上角的白细胞计数大方格（100×）

（内含16个方格。对每份血样，须计数4个大方格内的全部白细胞）

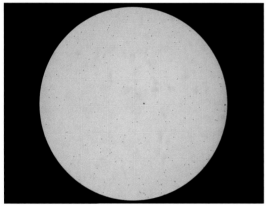

图 1-13

白细胞计数时的一个视野（100×）

（方格取内多量的小黑点即为白细胞。注意，视野中央稍偏右侧的一个较大黑点为杂质）

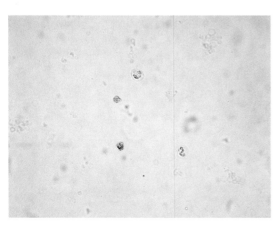

图 1-14

白细胞计数时杂质的鉴别（400×5）

（做白细胞计数时，一般使用10倍物镜，对个别可疑物，可换用40倍物镜仔细辨别。此视野共有2个白细胞，偏左侧的2个蓝色小团块为杂质。视野内尚可见红细胞的残片）

（3）临床意义

① 白细胞总数增多：见于大多数因细菌感染引起的全身急性炎症，尤其是金黄色葡萄球菌、链球菌等感染；局部的急性炎症，如肺炎、子宫炎、乳腺炎、剧烈的胃肠炎等，特别是化脓性炎症，可引起循环中白细胞明显增多；在严重的组织损伤、急性大出血、急性溶血、某些中毒以及注射异体蛋白（血清、疫苗等）后，白细胞数可增多；白血病时，白细胞数常持久性、进行性增多。

② 白细胞总数减少：见于部分病毒性感染（典型者如狗、猫的细小病毒病后期等）；伴有再生障碍性贫血的疾病；严重感染，高度衰竭以及内毒性休克时亦可见白细胞数减少。

5. 血涂片的推制与染色

制备良好、染色优良的血涂片是血细胞形态学观察的基础，用以确定细胞的种类，评估细胞的大小、形状、异常细胞及内含物。

（1）推片　将载玻片用酒精棉擦净，再用干棉球擦干；挑选边缘光滑整齐、平直的盖玻片，备用；勿用手指触摸载玻片的表面，防止留下指印、油痕，影响推片时细胞的黏附。

以左手拇指、中指夹持载玻片两端（**图1-15**）；用塑料吸管吸取少量抗凝全血，管口轻触载玻片右1/4处，使载玻片沾上半滴全血（**图1-16**）。

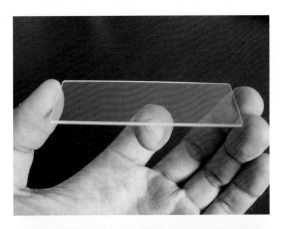

图 1-15

血涂片的推制1——载玻片的左手持法

（左手拇指、中指持载玻片）

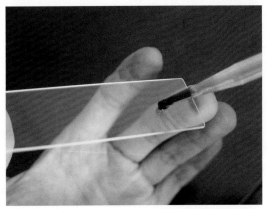

图 1-16

血涂片的推制2（可以使用带磨砂边的，便于标记患者信息）**——滴加血样**

（用塑料吸管吸取少量抗凝全血，管口轻触载玻片右1/4处，使载玻片蘸上半滴全血）

右手持选好的盖玻片，拇指、中指夹持玻片两缘，食指轻压玻片表面，将盖玻片一边（选好的平滑边）压在载玻片上血滴的前方，向后拉盖玻片至接触血滴，待血滴扩散成线；此时两玻片夹角30°左右，夹持盖玻片的拇指和中指也正好夹住载玻片的两边（**图1-17**）；右手拇指、食指以所挟持的载玻片两边为轨道匀速前推盖玻片，直推至载玻片的尽头为止（**图1-18**），立即扇推好的血涂片，使其迅速干燥，以防细胞皱缩变形，并尽快染色。**图1-19**显示了一张推制均匀、厚薄适中、未染色的干燥血涂片。

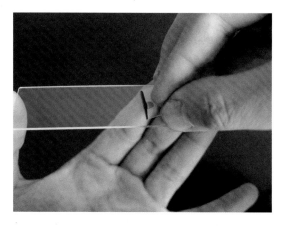

图 1-17

血涂片的推制3——盖玻片持法

（右手拇指、中指夹持盖玻片两缘，食指轻压盖玻片表面，将选好的盖玻片平滑边压在载玻片上血滴的前方，两玻片夹角30°左右；向后拉盖玻片至接触血滴，待血滴扩散成线）

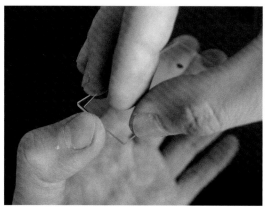

图 1-18

血涂片的推制4——推片

（右手拇指、食指在挟持盖玻片的同时，也挟持住了载玻片的两条边，并以之为轨道前推盖玻片，直至载玻片的尽头。注意，对高黏度的血液，应尽量减小玻片间的夹角）

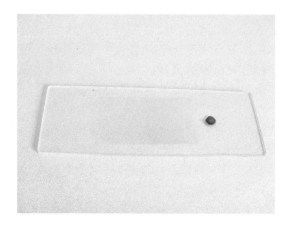

图 1-19

未染色的干燥血涂片

（要取得一张好的血涂片,推片时应注意用力均匀、速度适中、玻片间的夹角应固定）

（2）染色　未染色的血涂片置于显微镜下观察，细胞颜色极淡而无法有效辨认。血涂片的染色，一方面可提高细胞的可视性，同时利用不同类型细胞或细胞不同部位着色不同，加强血涂片中各种细胞的辨识度。瑞氏染色、瑞氏-吉姆萨复合染色、迪夫快速染色（Diff-quick）及新亚甲蓝染色是目前常用的染色方法。

瑞氏染色与瑞氏-吉姆萨复合染色的原理基本相同。两种染料均由碱性染料和酸性染料组成，先经由甲醇固定细胞，红色酸性染料（通常为伊红）结合细胞内的碱性成分，如嗜酸性粒细胞的细胞质颗粒；深蓝色的碱性染料（通常为亚甲蓝），将核酸等酸性成分着色。可使用市售染液，或以固体染料自行配制。

瑞氏染液的配制：瑞氏染料1克、甲醇500毫升。将染料置于洁净研钵中，加少量甲醇研磨，研磨片刻使其溶解，将已溶解的上层染液吸出保存；对未溶解的染料再加入少量甲醇，继续研磨，再吸出上液，如此连续几次，直至染料溶完，甲醇全部用完为止。收集的染液置棕色玻璃瓶中，每天早晚各摇分钟3分钟，持续一周以上，备用。

瑞氏-吉姆萨复合染色液的配制：取瑞氏染粉1克、吉姆萨复合染粉0.3克，甲醇500毫升。具体操作同瑞氏染液配制。

将血片平置于染色架上，滴加瑞氏或瑞氏-吉姆萨复合染色液，计其滴数，以盖满血膜为度，数秒后再滴加等量的中性蒸馏水或中性缓冲液，用洗耳球轻吹，使混匀。静置4分钟左右（根据气温等条件灵活掌握），用蒸馏水或常水从平放的载玻片的一端向另一端温和地冲洗（切勿先倾去染液再冲洗或使冲洗水流过急，否则沉淀物附于血膜上而不易除去）；晾干或用滤纸吸干后用油镜判读。

迪夫快速染液的商品化试剂盒，常包含三种单独的溶液；也有厂商，配置成一种或两种溶液。须按照各厂商提供的使用说明进行相应操作。

新亚甲蓝染色法只能用于未被固定的新鲜血液。商品化的染色液适用于染网织红细胞和海因茨小体，显现出细胞轮廓并与所有的DNA、RNA和网状纤维结合。具体使用方法应严格按说明书操作。

（3）镜检、分类计数　一般将血涂片一般被分为三个区域，包括推片起始部的厚区（body区）、中部的单层细胞区（计数区域）和尾部的羽状缘。厚区细胞密集，互相紧贴，挤压扭曲，基本不作形态学分析；中部的单层细胞区，细胞分布均匀，没有重叠、扭曲现象，是细胞计数和形态检验的最佳区域；在羽状缘区域常可见血小板凝集块、大的异常细胞或微丝蚴等结构，该区域细胞形态常扭曲，且分布稀疏，不宜作细胞分类和形态学分析。对每个区域的重点观察内容有所不同。首先以低倍镜开始观察，从而对血涂片进行整体评估。厚区细胞密集，互相紧贴，挤压扭曲，基本不作形态学分析；中部的单层细胞区，细胞分布均匀，没有重叠、扭曲现象，是细胞计数和形态检验的最佳区域；在羽状缘常可见较大的结构，如血小板凝集块、大的异常细胞和微丝蚴，该区域细胞通常扭曲，分布比较稀疏，不宜作细胞分类和形态学分析。

观察过程中，首先以低倍镜开始观察，并对血涂片进行整体评估。确定镜检计数区域后，使用高倍镜或油镜进行白细胞、血小板总数计数的验证及白细胞的分类计数，来比较人工血细胞检查结果与血细胞分析仪检测结果的吻合程度。例如白细胞总数≈平均每高倍镜视野中白细胞数×物镜放大倍率2，一般应计数10个高倍镜视野，取平均值。

由于各种白细胞的物理性质稍有不同，它们在血涂片上的分布并不均匀，一般在涂片的边缘和尾部较聚集，在中部较稀疏。计数时血涂片应按固定的方向曲折推进（**图1-20**）。用白细胞分类计数器计数100个白细胞，则各类白细胞的计数值就是其各自的百分含量。

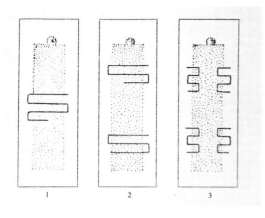

图 1-20

白细胞分类计数时视野的移动方法

（各类白细胞在血涂片上的分布并不均匀，一般在涂片的边缘和尾部较聚集，在中部较稀疏。计数时血涂片应按固定的方向曲折推进）

（4）注意　影响血涂片推制效果的因素包括以下几个方面。

① 血滴体积：血滴体积越小，所得推片的涂片长度越短。反之，血滴体积过大，会使涂片超过载玻片的边缘，无法使用。解决的方法是盖玻片与血滴充分接触后，提起向前移动一点，再压在载玻片上进行推制。

② 推片角度：一般情况下，推片时盖玻片与载玻片之间的夹角越大，血涂片就越厚，反之越薄。血液过于稀释（如贫血）或黏稠（如脱水）时，可通过改变推片角度来调整血涂片厚度。对高黏度的血液，应尽量减小玻片间的夹角。

③ 推片速度：推片速度越快，血涂片越厚；速度慢则相对变薄。

血涂片的制作，应尽量采取未加抗凝剂的新鲜血液，以保证细胞的着色效果。

图 1-21 显示的是一张推制和染色良好的血涂片。镜下检查，红细胞呈淡红偏灰，细胞呈单层排布，胞间稍有间隙，基本不相重叠、挤压；能清楚地观察到各种白细胞的染色特征，并且血片上无染料沉渣附着。**图 1-22** 显示的是正常血涂片起始部、中部计数区和尾部的羽状缘细胞分布特点。**图 1-23** 显示了一张推片操作不良的血涂片，存在的问题包括玻片选取、推片手法、血滴大小等因素。**图 1-24** 是一张推片不良的血涂片，镜下可见血细胞叠连、堆积问题。**图 1-25** 显示了一张染料沉渣过多的血涂片。**图 1-26** 显示了血涂片中不应计入白细胞分类计数的破碎白细胞。

图 1-21

高倍镜下的推制和染色良好的血涂片（40×5）

（红细胞呈灰红色，成单层排布，胞间稍有间隙，基本不相重叠、挤压）

染色效果的主要影响因素是染液和水的酸碱度（应是中性）和染色时间等。新配染液偏碱，如放置越久，则天青形成越多，染色越好；但日久甲醇挥发过多，染料沉淀，染色时可能出现沉渣。在染液不使用的情况下须将瓶盖盖紧，并在保存过程中定期过滤杂质（如瑞氏染液或瑞氏-吉姆萨复合染液），以保持染液的最佳性能。

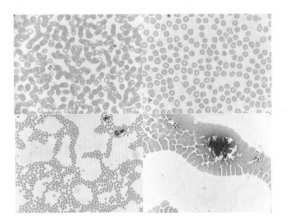

图 1-22

血涂片的分区

（左上图为涂片起始部较厚区域，红细胞聚集，400×；右上图为涂片中部单层区的细胞分布特点，红细胞分布较均匀，400×；左下图为涂片尾部羽状区的总体细胞分布特点，100×；右下图为涂片尾部羽状区，可见聚集成簇的血小板，400×）

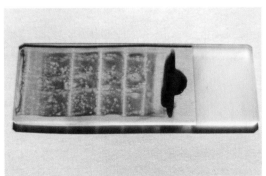

图 1-23

推制不良的血涂片（瑞氏-吉姆萨染色）

（从推片效果可以看出：载玻片不够洁净，可能存在油污，导致血膜覆盖不均匀；盖玻片边缘不够光滑，血涂片有轻微的纵向划痕；推片速度不均匀，造成血涂片出现间断；血滴容量过大，推到载玻片末端时血仍未用尽，无法形成正常的尾部羽状区）

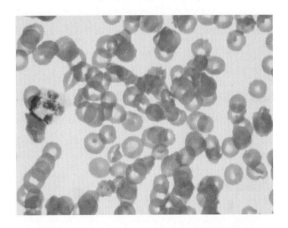

图 1-24

推片不良的血涂片（犬，瑞氏染色，1000×5）

（血细胞叠加、堆积）

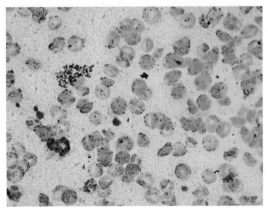

图 1-25

染色不良的血涂片（瑞氏染色，1000×5）

（染料沉渣过多）

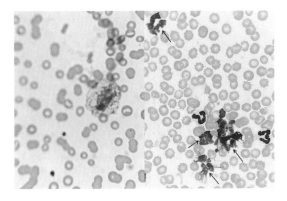

图 1-26

血涂片中破碎的白细胞（犬，瑞氏-吉姆萨染色，1000×）

（如箭头所示。此类细胞一般不纳入白细胞分类计数）

关于瑞氏染色的时间，此前各种教材多称滴加染液后应静置1～2分钟，滴加蒸馏水或缓冲液后再静置4～10分钟。但实际操作表明，以甲醇为主要溶剂的染液滴加于血片上30秒后，其液体成分即挥发较多，而滴加蒸馏水混匀再静置10分钟后，混合液也将蒸发较多（北方干燥地区、热季尤其如此）。如要照上述染色时间操作，染液滴加不能以仅覆盖血膜为度，须超量滴加，否则液体挥发过度可导致大量沉渣附着于玻片表面难于冲洗而影响读片。

用油镜判读血片，白细胞内部结构清晰，有利于初学者观察和学习。较有经验的检验员，有时可用高倍镜作白细胞分类计数。高倍镜视野中往往同时出现多个白细胞，便于区别形态易混淆但属不同计数种类的白细胞，这有利于减少误差，也有利于提高工作的速度。另外，作高倍镜判读时，可只将血片背面擦干而保持正面湿润。湿片相对干燥的血片，有更好的颜色表现，但湿片仅限于高倍镜观察。但对于怀疑有血液学疾病而细胞形态异常以及怀疑有血液原虫的血样，必须采用油镜仔细观察。

如有条件，可对有价值的血片进行封存。在观察完毕、彻底干燥后（油镜镜检后，可用擦镜头纸将镜头油吸干），在血片表面滴加一滴中性树脂，再覆以洁净的盖玻片，然后平放静置数日即可（当气温低导致树脂过于黏稠时可在血片背面轻微加热）。经封装的血涂片，观察效果更好，但注意避免树脂内部出现气泡。

第三节　尿液检验的基本操作

尿液的实验室检验包括物理性质、化学性质和尿沉渣的检查，检验结果可反映动物泌尿系统功能、代谢水平及水合状态等方面的信息，为潜在疾病筛查、疾病发展及疗效判断提供参考。

1. 尿液的采集

可用清洁的容器收集自然排出、尚未落地的尿液。经自然排尿收集的尿样，有时混有包皮分泌物或阴道分泌物，所以尿蛋白检验有时呈阳性，亦不适用于细菌培养目的。滴落于杂质较多的地面的尿样，有时会混入包括无机盐晶体等的杂质，应予注意。

必要时可用导尿管或膀胱穿刺法采集。导尿管导尿法，样品受微生物污染相对较少，操作也相对安全，但有一定的技术要求，且常需要动物镇静，不适用于部分尿路阻塞的动物；膀胱穿刺适合尿液微生物培养的需求，但侵害性较强，造成膀胱出血，在有膀胱破裂风险的动物，不可穿刺。

应采集新鲜尿液。如尿样不能立即检验而又值夏季高温时，为了防止尿液变质，应冷藏在冰箱中。如未作防腐处理又在室温放置6小时以上，尿样易发生腐败，使管型及红细胞等溶解消失。供微生物培养用的尿液，采集时应遵守消毒规则，且不可加入防腐剂。从冰箱中取出的尿液，要恢复到室温后再行检查。

尿的普通感观检查（物理性质）包括尿色、透明度、气味及比重等。应将尿液盛于小玻璃杯或小试管中，衬以白色背景而观察。

犬、猫、猪等动物的尿液透明、不浑浊，如变为浑浊不透明且有黏液，常为肾脏及尿路的炎性变化使尿中白细胞、脓细胞、上皮细胞及管型增加的结果；兔及部分鼠的尿液正常时即浑浊不透明。

正常情况下，动物的尿液呈淡黄色。病理情况下可出现尿液变红、橙红或茶褐色，原因有血尿、血红蛋白尿等；给动物内服或注射某些药物，也可使尿液颜色发生改变，如使用呋喃类等，尿呈深黄色，可通过病史调查而查明。

陈放时间较长的尿液可释放氨味，其气味的诊断意义降低。尿样烂苹果味提示酮血症。

尿液成分包括95%的水分和5%的溶质，溶质由大量电解质和经肾脏排泄的代谢产物构成，包括尿素、肌酐、K^+等。可以通过测量腹水中的肌酐和K^+来判断动物是否发生了膀胱破裂。尿比重可用折射仪进行测量，注意仪器每日使用前须用蒸馏水进行校正。

尿液的化学检测主要通过试纸进行，多数厂商的尿液试纸配有自动读数设备。检验项目包括葡萄糖、胆红素、酮体、相对密度、血液、pH、蛋白质、尿胆原、亚硝酸盐及白细胞等。注意试纸的贮存及仪器的操作须严格按照相应说明书进行。

2. 尿沉渣检查的操作

尿沉渣检验对泌尿系统疾病的诊断具有重要意义。

（1）尿沉渣的制备　取10毫升尿液，置离心管中，以1000～2000转/分离心3～5分钟，用滴管将上清液吸出，轻轻振摇离心管，使沉渣均匀混悬于少量剩余尿液中，用吸管取沉渣一滴置载玻片上，加盖玻片后镜检。先用10倍物镜观察，发现可疑物时换用40倍物镜鉴别。也可对沉渣液作涂片并染色，油镜观察，操作同血涂片的推制及染色方法。

计数细胞，应至少检查10个高倍镜视野；对管型，应至少检查10个低倍镜视野。结果报告可以高倍镜下所见最低至最高值表示，如"红细胞4～10个/高倍镜视野"。对结晶物的报告标准，以占低倍镜视野1/4者为"＋"，占1/2者为"＋＋"，占3/4者为"＋＋＋"，超过3/4者为"＋＋＋＋"。

（2）注意　尿沉渣检验，每次操作时，检验用的尿量、离心速率和时间、吸去上清后管内剩余的尿量等均须一致，以利于结果间的比较。

压片时，载玻片上滴加沉渣液的量应以加盖玻片后细胞成单层分布为宜。

如因条件限制或眼观已为血尿或脓尿的样品，可不必离心而直接取样镜检，但其结果须注明标本未经离心沉淀。

为提高对比度，便于镜下识别，可对沉渣进行染色。方法是先在盖玻片上沾染少量卢戈氏液后再压片，使卢戈氏液与沉渣混合（**图1-27，图1-28**）。卢戈氏液是碘的水溶液，可使细胞成分染上黄色，黄色的深浅受卢戈氏液与沉渣样品的体积比影响，一般用量须很小，否则可能影响沉渣内细胞的形态。

卢戈氏液的配方为：碘化钾4克，碘2克，蒸馏水100毫升。如来不及配制，也可用2%碘酊代替，但碘酊对细胞形态的负面影响稍大。

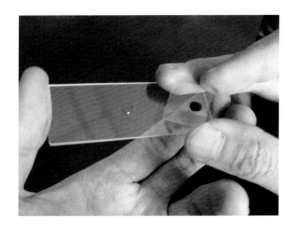

图1-27
尿沉渣的碘染色
（在盖玻片上沾染少量卢戈氏液后再压片，使卢戈氏液与沉渣混合）

图1-28
碘染色后的尿沉渣压片

第四节　粪便检验的基本操作

粪便的显微镜检验，主要目标是观察有无寄生虫及虫卵、肠道脱落细胞、异常菌，以及动物的消化功能等。普通的感官检查，应注意其数量、形状、色泽、质地、气味及混杂物（如黏液、脓汁、血、寄生虫虫体）等。

1. 动物粪便的采集

对狗、猪等，可经直肠注入适量缓泻剂（甘油与水等体积混合），任其自由活动，排便后收集；或可用注射器和软管经直肠灌入适量液体，之后反复温和地吹吸，抽出稀释的粪便（**图1-29**）；亦可以手指或其他光滑的棒状工具直接经直肠掏出。猫、兔等动物不易人工导泻，一般须由畜主日常收集。采取粪样时不应使用油类缓泻剂，以免影响镜检或其他化学检验。对发生泄泻的动物，有时可收集到沾在肛门附近皮毛上的稀便。

粪便样品采集后，可用生理盐水适当稀释后镜检（**图1-30**）。稀释后的样品滴加于洁净的载玻片，覆以盖玻片。滴加时应去除样品中的粗大颗粒，以利加盖盖玻片。样品滴加量以盖玻片不随载玻片移动而飘动、能透过样品看清书本的文字为宜。

图 1-29

粪便检验的采样

（做粪便检验时，可用注射器和软管经直肠灌入适量液体，之后反复温和地吹吸，抽出稀释的粪便）

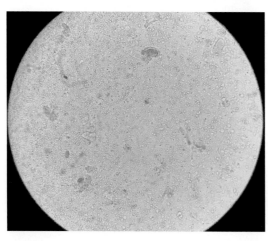

图 1-30

粪便样品稀释后装片的适宜厚度（100×）

（镜下见：装片内脱落细胞、粪便渣滓等成单层分布，液体层无气泡或气泡含量不多）

2. 寄生虫及虫卵检查

可先对粪便样本中的虫体或虫卵进行浓集。检验室常用的浓集法包括离心沉淀法或饱和盐水（33% $ZnSO_4$）浮聚法。

① 离心沉淀法：将上述滤去粗渣的粪液离心（1500～2000转/分）1～2分钟，倒去上液，注入清水，再离心沉淀，如此反复沉淀3～4次，直至上液澄清为止，最后倒去上液，取沉渣样品于载玻片上，压上盖玻片，镜检。原虫包囊和蠕虫卵的比重大，可沉集于水底，有助于提高检出率。但比重较小的钩虫卵和某些原虫包囊则效果较差。

② 饱和盐水浮聚法：此法用以检查钩虫卵效果最好。用竹签取黄豆粒大小的粪便置于短塑料试管中，加入少量饱和盐水调匀，再慢慢加入饱和食盐水到液面略高于瓶口，但不溢出为止。此时在管口覆盖一载玻片，静置15～20分钟后，将载玻片提起并迅速翻转，压上盖玻片，镜检。

有时也可不经浓集，直接用生理盐水将粪便稀释，取稀释液镜检，但检出率较浓集法低。

对于在肛周产卵或常在肛门附近发现虫卵的寄生虫（如绦虫），有时还可采用透明胶纸法取样。用长约6厘米、宽约2厘米的透明胶纸粘擦肛门周围的皮肤，取下胶纸，将胶面平贴玻片上，镜检。

3. 粪便脱落细胞检验

正常粪便中会有少量脱落的肠道细胞，散在分布。如见到大量肠道上皮及白细胞（常聚集成片），表明有消化道炎症。粪便中有时还能见到红细胞，表明有消化道出血。

4. 粪便中菌类的检验

正常动物的消化道内有菌生长，种类繁多，而且也不能仅依靠形态观察方法来鉴别菌的种类。多数以杆菌为主，数量或者没有球菌。但是某些异常菌的形态或运动方式特殊，如含量较多，可引起注意。粪便内出现大量真菌，应考虑是否摄入了霉变的饲料。此外，发现大量单一形态的杆菌或球菌的数量增多，也要引起注意。

5. 消化功能检查

主要通过镜检观察动物粪便中脂肪、肌肉纤维、淀粉等的含量来判断动物对各类食物的消化程度。

6. 注意

粪便样品在镜下色彩较丰富，各固形物间反差较大，容易分辨。但有时为观察菌类等目标，也可进行碘染色，方法同尿沉渣染色。粪便样品内杂质较多，镜检寄生虫时须仔细，应先用4倍或10倍物镜观察有无蛔虫卵、绦虫卵囊等较大的虫卵，再用40倍物镜仔细检查吸虫卵、球虫、滴虫等较小的虫卵或虫体。应采取逐行扫描的方式，尽量做到不漏检。有活的滴虫、甲第虫等时，可见到运动的虫体，但其虫体透明，易与环境相混淆，加碘染色后，其结构可较清晰，但运动即刻停止。

宠物有接触植物的机会，时常摄入植物细胞。如不了解粪便中植物细胞的形态特点，可能将其与寄生虫卵相混淆。应注意虫卵与花粉等植物细胞的区别，防止误判。

第五节　皮肤检验的基本操作

皮肤和耳道疾病约占宠物门诊病例总数的25%。宠物皮肤病的病因有多种，但临床上绝大多数皮肤科病例属感染性疾病，患部常表现红疹、瘙痒、脱毛、皮屑增多，甚至红肿、破溃、化脓等。病原主要是细菌、真菌或寄生虫，也常见三者的混合感染。各类感染性皮肤病症状间的区别常不明显，须通过实验室检验来确定感染类型。皮肤病的实验室检验，是判断病原种类的重要手段，对诊断、用药和护理有重要指导意义。

1. 皮肤病样本的采集

皮肤的病变有多种多样，如皮屑、脱毛、丘疹、脓疱、结节等，包括原发性和继发性。技术人员必须根据病变种类，选择合适的部位和采样方法，并采集多个样本以免误诊。皮肤检查的常用材料和器械主要有伍德氏灯、跳蚤梳、手术刀片、止血钳、弯剪、胶带、盖玻片、快速染色液、显微镜、透明剂、真菌培养基、细菌培养基等。

皮肤病实验室检验的第一步是皮样的采取，常用手术刀片刮取表层皮肤。刮取皮样前应先用酒精棉将取样点及其周围的体表擦拭干净；对毛发较长的动物，应以取样点为中心，将周围毛发辐射状压倒将。取样时，应轻巧地使用锋利手术刀的尖部，在重点怀疑部位小面积刮取。将刮取后的皮样均匀涂布于洁净的玻片表面。

对炎症部位尤其是化脓创等处作检查，取样点应定在与健康组织交界处的病灶边缘内。在化脓创中心取样意义不大。

欲采取渗出物或分泌物，可用清洁的棉签蘸取后涂片，或直接用载玻片蘸取，宜在玻片上标注左、右耳。

常用的采集方法包括被毛梳拭、胶带粘贴、皮肤刮片（浅层、深层）、拔毛。

① 被毛梳拭：以密齿梳子用力梳拭被检部位的被毛30～60秒，同时使用黑色纸收集脱落的表皮碎屑，使用手持放大镜检查有无寄生虫，如虱子、姬螯螨等。若发现有暗红或暗黑色小颗粒，可将其置于白色纸上，滴加少量生理盐水进行溶解，分析是否为跳蚤粪便。

② 胶带粘贴：将待检部位毛发分开，用透明胶带在待检部位皮肤反复粘贴，使皮肤碎屑清楚地黏附在胶带上，将胶带粘贴于显微镜载玻片（不需要盖玻片），使用显微镜进行观察。注意确保样本来自皮肤和接近皮肤的近端毛干。

③ 皮肤刮片：皮肤刮片的检验目标主要是体外寄生虫。应在病变部位进行多次刮取。不同的寄生虫生活在皮肤的不同深度，有条件时，可考虑分层刮取皮肤样本。

④ 拔毛：常用于检查蠕形螨感染和真菌性皮肤病。在动物情绪暴躁、检查部位过于敏感或检查部位存在斑痕、皮肤增生等情况下，难以有效地进行皮肤刮片，此时可通过拔毛检查替代，但其检验灵敏度、准确性较皮肤刮片低。从毛囊管型区域、黑头粉刺或伴有窦道排泄的苔藓样皮肤周围区域的拔毛通常会产生良好的效果。

一般来说，皮肤样品的检验须同时进行透明化后镜检和染色后镜检，所以涂片须至少准备2份。用于染色后镜检的涂片，主要用于检验细菌、真菌等，其涂层应较薄，以便染色后观察；用于透明化后镜检的涂片，主要用于检查寄生虫，稍厚的涂层有利于虫体的集中，有利于减少观察工作量。

2. 透明化

未经任何处理的皮肤涂片，视野中布满折光不均匀的斑驳皮屑团块，难以有效检出寄生虫（**图1-31**）。应将涂片透明化后再行镜检。各种教材中通常使用KOH溶液对样品进行透明化，实际工作中发现植物油亦可用于透明化，且效果更好。

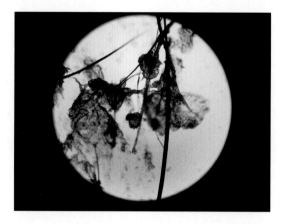

图 1-31

一块皮肤碎片未作透明化处理时直接镜检的效果
（犬的皮肤，视野中央有一疥螨，100×）

（视野中央的疥螨如被皮屑覆盖或因沾染多量皮肤碎片而轮廓不清，极有可能导致漏检）

KOH法透明化：在涂片上滴加1～2滴10% KOH，压上盖片后轻微加热。

油法透明化：在涂片上滴加1滴植物油或稀薄的树脂（如显微镜镜头油），压上盖片，轻微加热或不加热。

使用油类作透化液，原料易得，涂片可不加热而直接镜检。如经轻微加热，皮屑透明化程度更好，有时镜下只见螨虫的几丁质外壳，而基本不见动物皮肤细胞等杂质，极便于观察（**图1-32**），效果较KOH法好。无法用植物油或树脂时，也可以石蜡油代替，效果接近KOH法。但对于含水分很多的样品，油法透明化效果不及KOH法。

图 1-32

同一块皮肤碎片油法透明化后的效果（犬的皮肤，视野中央有一疥螨，100×）

（视野中央的疥螨即使隐藏于皮屑之下，亦能清晰显示）

3. 染色

皮肤涂片染色方法基本与血涂片染色相同，但滴加蒸馏水后的静置时间应缩短，常静置30秒内即可。发生皮肤病时，常有皮脂腺过度分泌，造成涂片油腻，妨碍染色。此时可适当加长滴加染液后和滴加蒸馏水后的静置时间，有必要时，可先在涂片上滴加石油醚以脱脂，再行染色。

4. 注意

皮肤被菌类感染时，局部常出现面积较大的脱毛、皮屑、渗出等。细菌多在毛发、角质层等处聚集，真菌多在角质层及角质层下。所以，对于怀疑是细菌和真菌感染的病例，重点应放在采取皮屑，取样达到角质层即可，不必过分追求深度。螨等是皮肤寄生虫感染常见病因。疥螨寄生在皮下的隧道中，蠕形螨常在毛囊中或皮表，其所在地常出现皮肤脱毛或红色小丘疹等标志。对此类病例，取样范围可局限在丘疹等标志附近，在深度上应保证达到真皮，稍出血即可，面积不宜过大。

皮肤取样时，用利刀的尖部小面积刮取容易取得较多皮屑，可保证取样的深度，又不至于造成过大过深的伤口，不引起大面积出血，取样部位的皮肤易于复原，且皮样中只含少量红细胞，对镜检的干扰小（红细胞难于透明化）。如刀片较钝，往往非反复、用力刮皮而不能取得皮屑，常使采样局部呈现皮肤光亮、皮下出血，类似刮痧后的表现。此时若继续粗暴刮取，可将取样部位的表皮层全部刮脱，使皮肤出现较大、较深的破损，易导致瘢痕形成；且刮得的样品中含大量的红细胞，妨碍镜检。临床上时而见到此类皮损病例，可见瘢痕处色白，无毛发生长。畜主对此常有异议。

第六节　脱落细胞检验的基本操作

脱落细胞检验，主要针对动物浆膜腔（腹腔、胸腔、心包）积液、产道、呼吸道、结膜、皮肤以及各种赘生物等处的脱落细胞的形态特征，用以协助临床诊断。

1. 采样方法

浆膜腔积液是一种常见的临床症状。多种疾病都可造成浆膜腔积液，如炎症、肿瘤、循环障碍等。脱落细胞的检查可以鉴定浆膜腔积液的性质、查找肿瘤细胞。

浆膜腔积液的采取，须经穿刺抽取。腹腔穿刺时应使动物保持站姿或卧姿，穿刺部位须在动物腹正中线两侧较低的位置；胸腔穿刺时应使动物保持站姿，从该姿势下胸腔最低处进针；心包穿刺应在B超介导下进行；穿刺前对术部消毒；抽取时用力须较缓慢、温和。遇网膜等组织吸附于针头时，液体流出停止，可将已吸出的液体适量推回体腔，使吸附的组织脱离，稍变动针头位置后再行吸取。浆膜腔积液，尤其是黏度较大的渗出液，吸取后应采取抗凝措施，以防凝固。积液抽出后立即送检，不宜放置过久，否则其中的细胞成分易坏死溶解，影响观察结果。如暂时无法送检，应保存在4℃，且24小时内检验。

对细胞成分较少的积液，可进行离心沉淀后制片镜检。制作压片、涂片的操作方法基本同尿沉渣检验。注意，切忌在积液样品中加入固定液放置后再观察，这样对细胞形态的影响很大，不利于鉴别观察。细胞密度过大时，可对积液进行适当的稀释，混匀后镜检，以涂片后细胞不堆积成团为宜。

对阴道等处的分泌物，可用吸管吸取、消毒棉签蘸取或用载玻片直接蘸取。将分泌物在载玻片上涂匀，扇干，瑞氏染色，镜检。

对于尚未手术切除的肿物，可以通过细针穿刺抽吸或细针穿刺活检技术获取肿物内的脱落细胞进行细胞学检查。对于已手术切除的可疑肿物，也可切取其内部一小块组织，在载玻片上涂抹，使部分细胞脱落，制成抹片，染色镜检，初步判断肿物性质。

对于一些体表深层或腹内的肿物，可在B超介导下进行细针穿刺抽吸，包括负压抽吸和非负压抽吸。反复穿刺后将注射器针芯内的脱落细胞推注到载玻片上，然后涂片、风干、染色后显微镜下观看。细针穿刺活检操作方法类似，但获取的样本量较细针穿刺抽取大，通常用于组织病理学检查，但可以先用组织块进行涂片行脱落细胞检查。

2. 染色

制作好的抹片，通常采用常规血液学染色方法进行处理，如瑞氏染色、吉姆萨染色或苏木素-伊红染色等。也可使用革兰氏染色鉴别样本中细菌，以帮助诊断。

3. 注意

细胞学检查具有取材范围广、经济、快速、损伤很小或无损伤的特点，能够区别炎症和肿瘤。该方法主要用于对肿瘤病变的定性（偏良性或恶性），难以进一步判定肿瘤亚型、浸润、转移等情况，且有一定的假阴性率或假阳性率，因此，该方法仅是一种初步的定性诊断。对于细胞学提示为肿瘤的病变，在做损害较大的治疗之前，要尽可能地做活检来印证细胞学诊断，并进行分类和分型等。对于细胞学提示为非肿瘤的，但临床上高度怀疑为肿瘤的病变，应多做几次细胞学检查或做活检等其他检查，以防漏诊。

　　体腔液涂片的细胞形态、厚度、数量差异较大。对难以识别的异常细胞，宜交由细胞学专家诊断，但临床检验室技术人员可对样本进行基础评估，如是否出现炎症，是否存在细菌感染（败血性），是否有发生肿瘤的迹象等。发生急性炎症时，可在体腔液中发现较多的中性粒细胞，而慢性炎症时，会出现大量的巨噬细胞；另外，基于炎症的原因及类型，可出现不同数量的淋巴细胞、浆细胞和嗜酸性粒细胞。由炎症引起的渗出液中细胞总数通常大于5.0×10^8个/升，而非炎性疾病引起的漏出液中的细胞总数一般少于1×10^8个/升。若体腔液提示为渗出液，则需进一步确定是否微生物感染。革兰氏染色可初步判断渗出液中有无细菌感染，并对细菌进行初步分类，若需确定细菌的种类，应进行细菌的分离培养或特异性鉴定。在细胞涂片中观察到不熟悉的细胞混在血细胞中时应引起重视，如多核细胞、正在进行有丝分裂的细胞，尤其是这些细胞成片或成簇出现时，提示发生肿瘤病变的可能性较大，应在检测报告中对该类细胞进行着重描述。

　　特殊涂片应及时妥善保存或预留备份，以供与后期病理报告比较。

第二章 血涂片镜检

进行血涂片的显微镜观察，可以观察红细胞、白细胞和血小板的正常及异常形态，还有红细胞内含物及血液寄生虫。

1. 红细胞形态检查

主要观察红细胞的大小、形状、胞浆着色、结构等方面有无异常。

（1）正常形态的红细胞　哺乳纲动物的正常成熟红细胞呈双凹的圆盘状，在染色的血涂片中呈灰红色，细胞边缘着色较深，中央淡染；同一个体的红细胞直径大小应较均匀，成熟红细胞无核。犬的红细胞大小为6～7微米，中央淡染区较大，约占红细胞的1/3～1/2；猫的红细胞较犬的略小，为5.5～6微米，中央淡染区很小或没有。

鸟纲和爬行纲动物的红细胞呈卵圆形，有核。

（2）异常形态的红细胞　常见的红细胞形态异常主要表现在形态改变、大小不均一、染色异常、有内含物或寄生虫等方面。注意，检验操作过程对细胞的损伤常可造成血片中红细胞异形，如遇高渗溶液使红细胞皱缩、推制血涂片时血片干燥不及时等，所以红细胞形态异常不一定是病理现象。有时，因操作方法不同，同一血样两次涂片，甚至是在同一张血涂片的不同部位，红细胞形态异常程度有很大差异。

① 常见红细胞形态改变主要有以下几种。

a. 棘形红细胞：为最常见的红细胞形态异常。可见红细胞表面有多个不规则的长突起，可见于肝脏疾病、门脉短路、血管肉瘤、淋巴瘤、肾小球肾炎等。

b. 锯齿状红细胞：表面均匀分布齿轮状的短突起。可能是人为造成，如血样储存时间过长或推片操作不规范等。

c. 裂红细胞：即红细胞碎片。常见于弥漫性血管内凝血（DIC）、肾小球肾炎、血管肉瘤、骨髓纤维化等。

d. 口形红细胞：红细胞的中央苍白区呈狭长带类似于口形，其变形性差，常被扣留于脾窦，其在脾脏中的破坏是其他部位的3倍以上。常见于弥散性血管内凝血、肝病等。但如阿拉斯加雪橇犬、迷你雪纳瑞等品种犬会存在遗传性口形红细胞症，需要注意鉴别。

e. 球形红细胞：球形红细胞直径常约为正常红细胞的2/3，与正常红细胞相比，表面积与体积之比降低，血红蛋白浓度较高，且缺少中心苍白区，染色较深。常见于免疫介导性溶血性贫血。

f. 靶形红细胞：红细胞中心部位染色较深，周围为苍白区域，外层边缘又呈深染，形如射击用的环形靶。靶形红细胞直径可能比正常红细胞大，但厚度变薄。常见于缺铁性贫血、胆汁淤积性肝脏疾病、肿瘤、再生性贫血或脾切除术后。

g.偏心红细胞：红细胞血红蛋白集中于细胞的一侧。常见于糖尿病、T细胞淋巴瘤或严重的感染性疾病，也可见于食用洋葱、大蒜或误用维生素K、对乙酰氨基酚等药物引起的氧化损伤。

h.角膜红细胞：红细胞边缘出现圆形透明区域，透明区域破裂后可产生1～2个突起。常见于弥散性血管内凝血等，可见于血管肉瘤、肝脏疾病或长期使用阿奇霉素的犬、猫。

i.影红细胞：红细胞膨胀、破裂、内容物渗漏之后，质膜可以重新封闭起来，称为影细胞、影红细胞或红细胞血影。常见于血管内溶血、试管内溶血、脂血症或其他人为因素造成。

j.红细胞叠连：细胞呈现缗钱状或凝集。炎症引起的血液中纤维蛋白原或球蛋白浓度升高易引起红细胞叠连呈缗钱状，淋巴细胞再生异常等非炎症性疾病也会引起红细胞叠连。当动物机体发生免疫介导性溶血性贫血时，红细胞膜抗体与其他红细胞膜抗原发生特异性结合并引起红细胞聚集成簇，呈现球形或葡萄串样。细胞叠连或自体凝集会引起血液黏度高、流动性差，与组织进行物质交换的能力低，导致动物缺氧。

② 红细胞大小不均匀：可见同一血样内红细胞直径相差数倍，慢性贫血时常见。

③ 染色异常：常见表现有红细胞中央淡染区扩大，提示血红蛋白含量降低；红细胞呈灰蓝色或灰紫色，多为刚脱核未完全成熟的红细胞，如多染性红细胞和网织红细胞。

④ 红细胞内含物主要有以下几种。

a.有核红细胞：属未成熟的红细胞，慢性贫血时常见。有核红细胞直径常较正常的成熟红细胞大；细胞质着色亦稍嗜碱；有一深染的核，胞核通常较淋巴细胞核着色更深，更接近正圆形。

b.网织红细胞：为尚未完全成熟的红细胞，胞内含有少量RNA，因用亚甲蓝染色时呈网状，故名。部分血液分析仪具有自动检测网织红细胞的功能。

c.海因茨小体：由被氧化的血红蛋白沉积于红细胞膜内表面而形成。为氧化等因素对血红蛋白造成的损害而变性形成的细胞内包涵体，沉积于细胞膜上并对其造成损害，受损红细胞易被脾脏的巨噬细胞吞噬。健康猫红细胞可有高达5%的海因茨小体。

d.豪乔氏小体：为细胞核残体，小且均匀，深紫色（和有核红细胞的核颜色一致），红细胞胞浆内的球形结构。

e.犬瘟包涵体：病毒核壳聚集而成。圆形到椭圆形到不规则，红色到蓝色包含物。

⑤ 红细胞内寄生虫：主要包括犬巴贝斯虫、吉氏巴贝斯虫和弓形虫等。

2. 白细胞形态及数量检查

各种白细胞有其各自的形态学特点，不同种属的哺乳动物间，同类白细胞的形态也稍有差异。但总的来说，各类白细胞的形态有如下规律：

（1）嗜中性粒细胞　大小为12～15微米，细胞呈圆形，胞浆淡粉色，胞浆内有多量紫红色细小颗粒，核紫色，形状多样。

核呈带状或S形，两边平行的称杆状核，核微呈肾形，染色稍淡的称幼年核，均为未成熟的中性粒细胞；核分成2～3叶，在叶之间有细丝相连的称分叶核，是成熟的中性粒细胞。如外周血液中未成熟的嗜中性细胞（包括杆状或杆状以前）的比例升高，称为核左移；分叶核细胞比例升高，而且核的分叶数也增多者（≥5个分叶），称为核右移。

嗜中性粒细胞为非特异性免疫细胞，是急性炎症初期的主要细胞成分。临床上白细胞总数增高和降低常常与嗜中性粒细胞增减直接相关。

嗜中性粒细胞核象的改变标志着白细胞的成熟的情况。核左移反映了感染的程度和机体的反应能力，如核左移同时伴有白细胞总数升高，表示骨髓造血机能加强，机体处于积极防御状态；核左移而白细胞总数并不升高甚至减少，表示病情严重，骨髓造血机能衰竭，机体抗病力降低，预后不良；核右移乃骨髓造血机能衰退的标志，多由于机体高度衰竭而引起，预后宜慎重。

嗜中性粒细胞的中毒性变化主要表现为细胞质嗜碱性增强（胞质变为灰蓝色），细胞核环形化、空泡化，以及胞质中出现杜勒小体或蓝黑色、大小不等、分布不均的中毒性颗粒；细胞中毒化变化与感染的程度呈正相关。

（2）嗜酸性粒细胞　大小为12～20微米，形态与嗜中性粒细胞大体相似或稍大，但细胞质内含有红色的嗜酸性颗粒。犬为圆形、大小和数量不等的颗粒；猫为棒状、大小均一的颗粒。

嗜酸性粒细胞增多，常见于过敏性疾病、寄生虫病、皮肤病、应激反应的抗休克期及感染性疾病的恢复期。嗜酸性粒细胞减少，常见于感染性疾病或严重热性病的初期乃至极期、骨髓机能高度损害、应用皮质类固醇药物及应激反应的休克期。嗜酸性粒细胞长时间消失，表示预后不良，但消失后又重新出现，则表示病情好转。

（3）嗜碱性粒细胞　大小为12～20微米，形态与嗜中性粒细胞大体相似或稍大，但细胞质内有时含有较粗大的深蓝黑色颗粒，核分叶常不明显。

正常情况下，多数动物的血液中较少见到嗜碱性粒细胞。增多主要出现在一些慢性变态反应性疾病、白血病等。

（4）淋巴细胞　大小为9～12微米，分大小两种，小淋巴细胞呈圆形，比嗜中性粒细胞稍小，核蓝紫色、圆形或肾形，胞浆很少，蓝色。大淋巴细胞较嗜中性粒细胞稍大，核圆形或肾形，胞浆相对较多，天蓝色。淋巴细胞的胞浆清澈透明。

淋巴细胞属特异性的免疫细胞，参与体液免疫和细胞免疫。淋巴细胞总数增多主要见于慢性传染病、淋巴性白血病、急性感染性疾病和急性中毒的恢复期。淋巴细胞总数减少，主要见于休克和创伤以及淋巴细胞相对减少。

（5）单核细胞：通常是外周血液中最大的细胞，大小为15～20微米，核蓝紫色，但较淋巴细胞核色淡，核呈肾形、多角形等，形状不规则。胞浆较多，染成浅灰蓝色，有时内含空泡和灰尘样颗粒。

单核细胞吞噬能力强，能吞噬较大的异物，包括各种病原体、坏死组织的碎片等。单核细胞总数增多主要见于慢性感染（如霉菌、原虫、结核杆菌、布氏杆菌等）及慢性病理过程（如化脓、坏死、营养障碍、内出血等）。单核细胞总数减少，主要见于严重贫血等，如单核细胞长时间消失，预后不良。

白细胞形态具有一定的临床意义。白细胞分类计数反映了不同种类、不同功能的白细胞在白细胞总数中所占的比例。白细胞总数和各类白细胞的百分率的积即为血液中各类白细胞的绝对值。某种白细胞的绝对值及其百分比均增加，称为某种白细胞的绝对性增多；如果某种白细胞绝对值正常而百分比增加，是由于另一类白细胞的百分比减少所致，则称为某种白细胞相对性增多。在分析病情时必须把白细胞总数和白细胞分类计数结合起来考虑。

各种血涂片镜检图谱参见图2-1～图2-86。

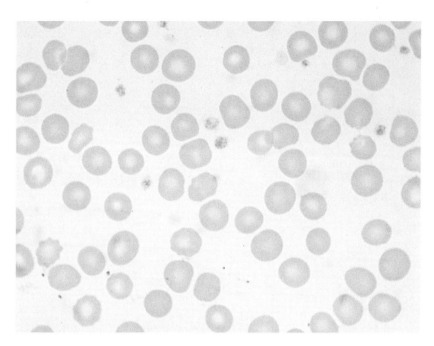

图 2-1

犬的红细胞和血小板（瑞氏染色，1000×5）

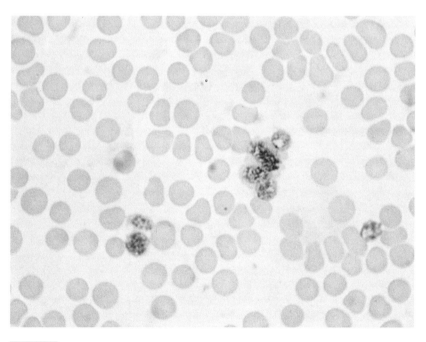

图 2-2

猫的红细胞和血小板（瑞氏染色，1000×5）

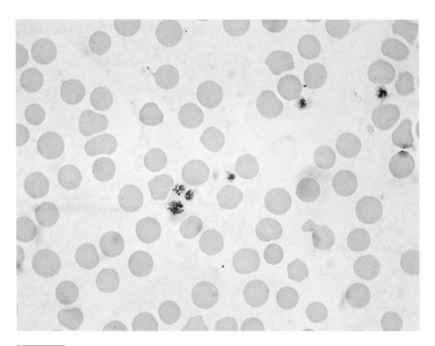

图 2-3

猪的红细胞和血小板（香猪，瑞氏染色，1000×5）

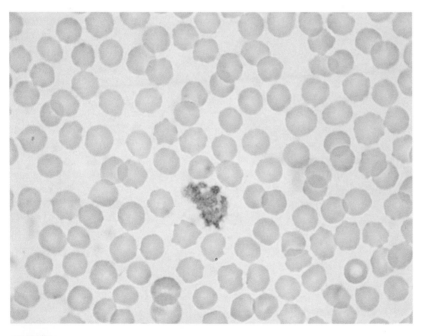

图 2-4

兔的红细胞和血小板（瑞氏染色，1000×5）

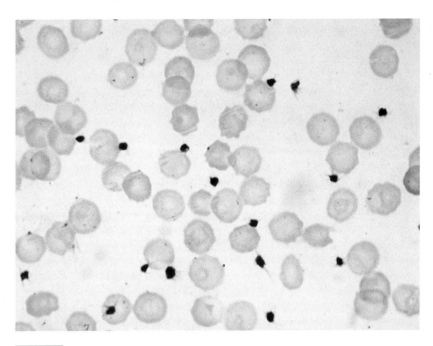

图 2-5

鼠的红细胞和血小板（大鼠，瑞氏染色，1000×5）

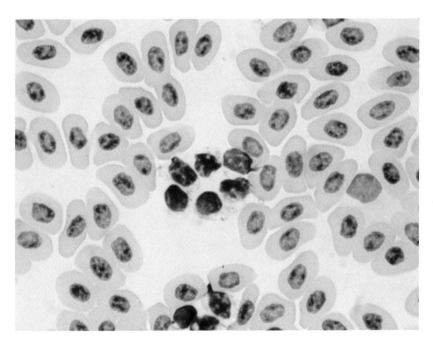

图 2-6

禽类的红细胞和凝血细胞（乌鸡，瑞氏染色，1000×5）

（禽的红细胞呈卵圆形，有核。凝血细胞相当于哺乳动物的血小板，参与凝血过程，常聚集在一起，散在分布时呈卵圆形）

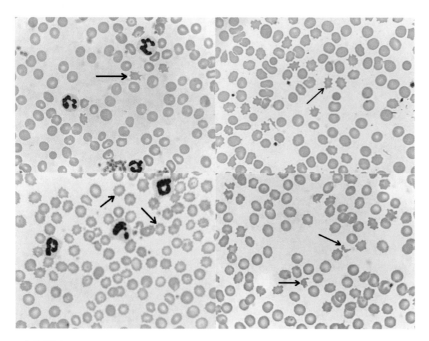

图 2-7

棘形红细胞、锯齿状红细胞和裂红细胞〔犬，瑞氏-吉姆萨染色，1000×〕

（上方左右两图箭头所示为棘形红细胞，左下图箭头所示为锯齿状红细胞，右下图箭头所示为裂红细胞）

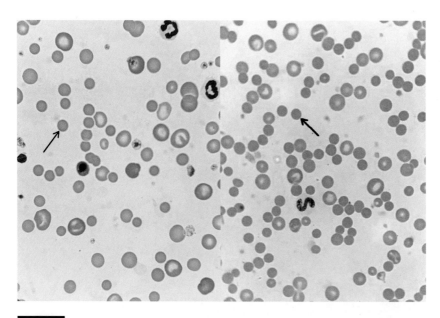

图 2-8

球形红细胞〔犬，瑞氏-吉姆萨染色，1000×〕

（直径较正常红细胞小，血红蛋白浓度较高，且缺少中心苍白区，染色较深；箭头所示为图中球形红细胞的代表）

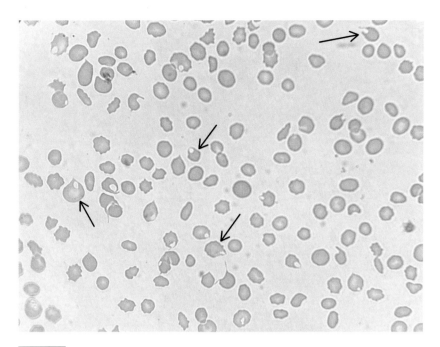

图 2-9

角膜红细胞（猫，瑞氏-吉姆萨染色，1000×）

（红细胞边缘出现圆形透明区域，透明区域破裂后可产生一到两个的突起；箭头所示为图中角膜红细胞的代表）

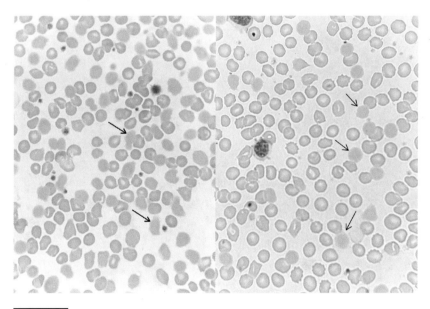

图 2-10

影红细胞（犬，瑞氏-吉姆萨染色，1000×）

（箭头所示为影红细胞的代表）

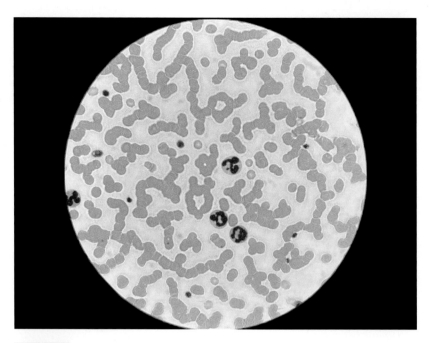

图 2-11

红细胞叠连（犬，瑞氏-吉姆萨染色，400×）

（可见细胞如缗钱状聚积成串）

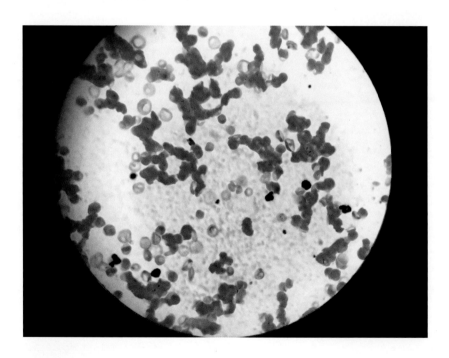

图 2-12

红细胞凝集（犬，瑞氏-吉姆萨染色，400×）

（可见红细胞聚积状态杂乱无章）

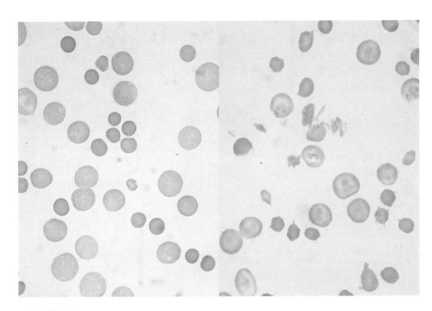

图 2-13

动物贫血时红细胞大小、着色不均，形态不完整（犬，1000×5）

［左图中着色偏蓝灰（胞浆嗜碱性较强）且直径较大者，为脱核不久的幼稚型红细胞。注意，不同染色条件下，血细胞着色情况会有差异，故红细胞着色的比较应在同一张血片内进行］

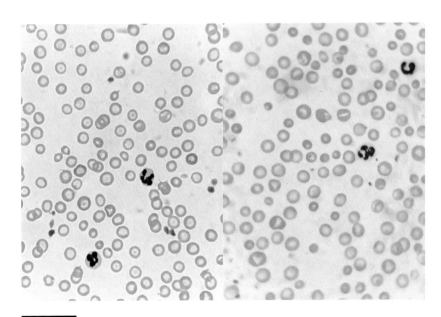

图 2-14

红细胞中央淡染区增大（犬，瑞氏-吉姆萨染色，400×）

（见于血色素降低的贫血）

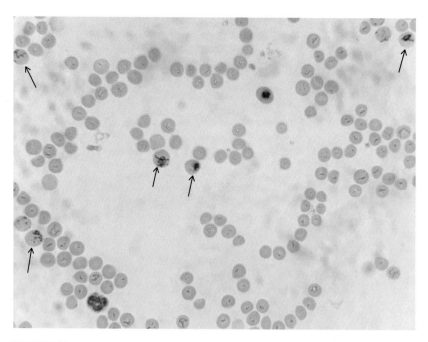

图 2-15

网织红细胞（犬，新亚甲蓝染色，400×）

（网织红细胞含有少量核糖核酸，用亚甲蓝染色时呈网状，如箭头所示。图中右上方的有核细胞为有核红细胞，左下方的有核细胞为中性粒细胞，图片中大多数红细胞上的黑影为血涂片制作中干燥不力造成的折光伪象）

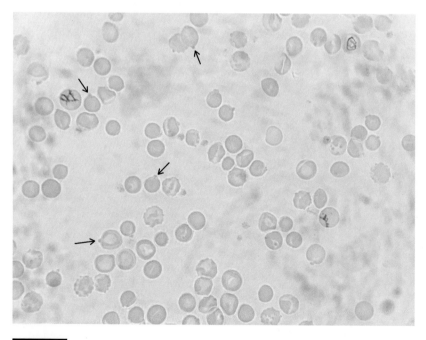

图 2-16

海因茨小体（犬，新亚甲蓝染色，400×）

（图中箭头所示为海因茨小体的代表。可见红细胞表面有 1～2 微米颗粒状折光小体，分布于胞膜上。图中左上、右下方两个胞内含有蓝色条索者为网织红细胞）

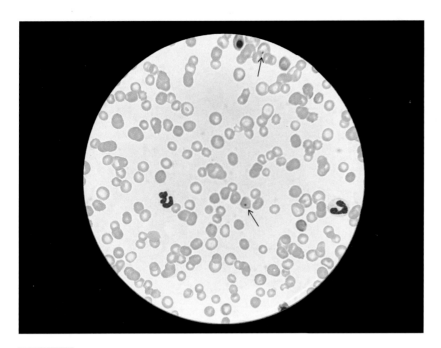

图 2-17
豪乔氏小体（犬，瑞氏-吉姆萨染色，400×5）

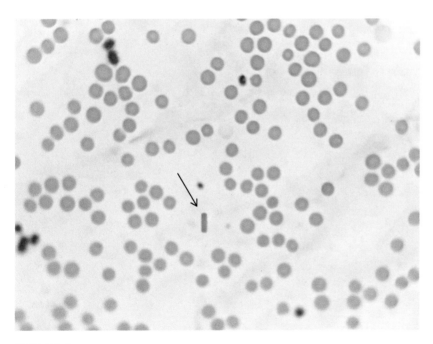

图 2-18
血红蛋白晶体（犬，新亚甲蓝染色，100×）
（血涂片中可偶见血红蛋白晶体）

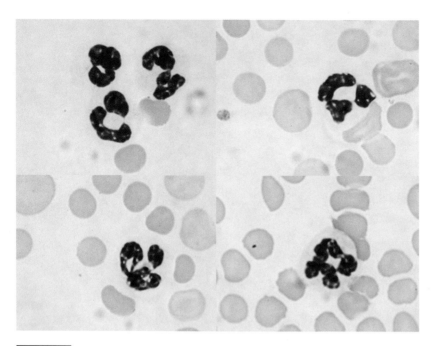

图 2-19

犬的嗜中性分叶核粒细胞（瑞氏染色，1000×5）

（为成熟的中性粒细胞。细胞呈圆形，胞浆淡粉色，胞浆内有多量紫红色细小颗粒；核紫色，形状多样，常分成2~3叶，在叶之间有细丝相连）

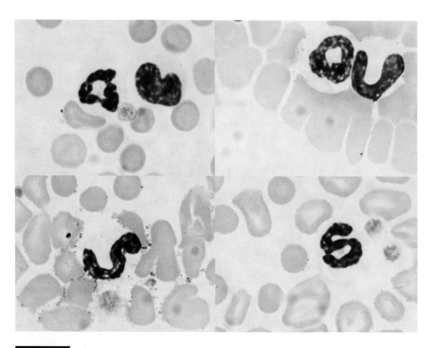

图 2-20

犬的嗜中性杆状核粒细胞（瑞氏染色，1000×5）

（属未成熟的中性粒细胞。核微呈肾形，染色稍淡，或呈带状，两边平行。左上图中肾形核的细胞为晚幼中性粒细胞，较普通嗜中性杆状核粒细胞更幼稚，其胞浆着色基本同正常中性粒细胞，当与单核细胞相区别）

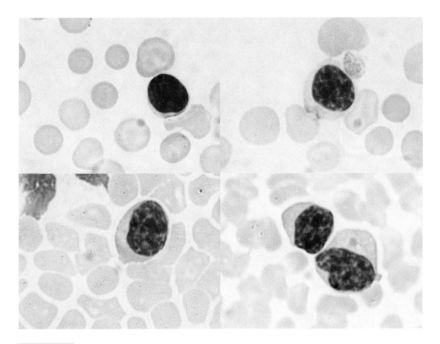

图 2-21
犬的淋巴细胞（瑞氏染色，1000×5）

（分大小两种，小淋巴细胞呈圆形，比中性粒细胞稍小，核蓝紫色，圆形或肾形，胞浆很少，蓝色。大淋巴细胞较嗜中性白细胞稍大，胞浆相对较多，天蓝色。淋巴细胞胞浆清澈透明）

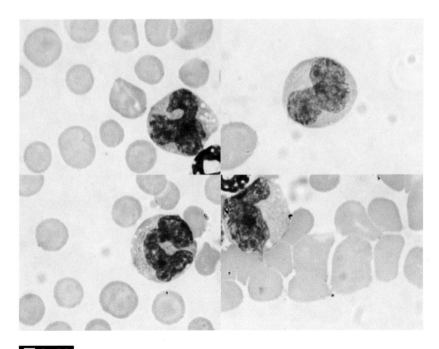

图 2-22
犬的单核细胞（瑞氏染色，1000×5）

（通常较血液中其他细胞大；核蓝紫色，但较淋巴细胞核色淡，核呈肾形、多角形等，形状不规则；胞浆较多，呈浅灰蓝色，有时内含大小不等的空泡和灰尘样颗粒）

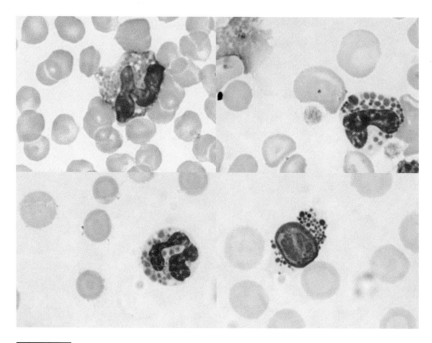

图 2-23

犬的嗜酸性粒细胞（瑞氏染色，1000×5）

（大小、形态与中性粒细胞大体相似，但胞浆内含有较粗大的嗜酸性颗粒，颗粒常呈灰红色）

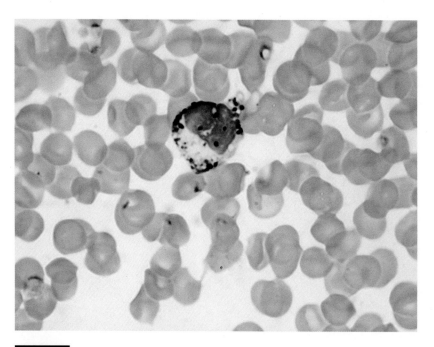

图 2-24

犬的嗜碱性粒细胞（瑞氏染色，1000×5）

（大小、形态与中性粒细胞相似，但胞浆内含有时内含有较粗大的深蓝黑色颗粒，核分叶不明显。为犬血液中含量最少的白细胞，罕见）

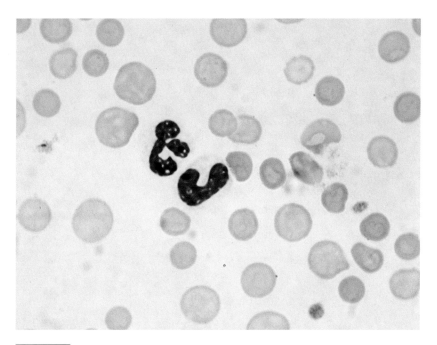

图 2-25

犬的嗜中性杆状核粒细胞与分叶核粒细胞的比较（瑞氏染色，1000×5）

（图中2个白细胞，左上为嗜中性分叶核粒细胞，右下为嗜中性杆状核粒细胞）

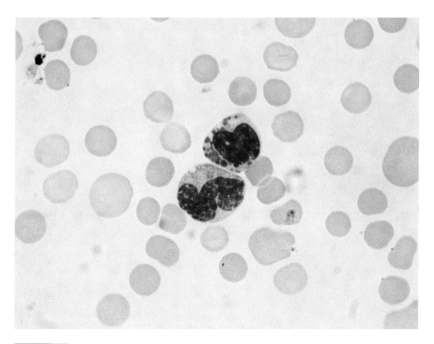

图 2-26

犬的单核细胞与嗜酸性粒细胞的比较（瑞氏染色，1000×5）

（图中2个白细胞，上为嗜酸性粒细胞，下为单核细胞）

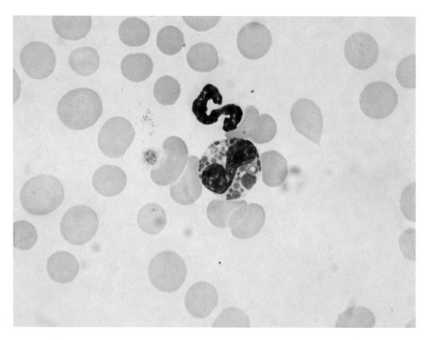

图 2-27

犬的嗜酸粒细胞与嗜中性杆状核粒细胞的比较（瑞氏染色，1000×5）

（图中 2 个白细胞，上为嗜中性杆状核粒细胞，下为嗜酸性粒细胞）

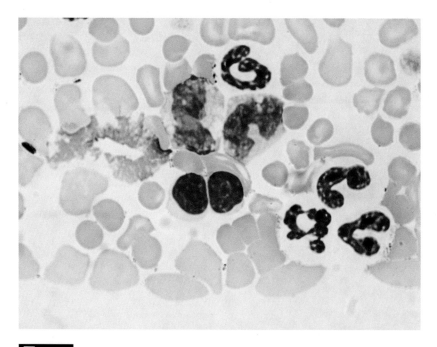

图 2-28

犬的单核细胞、淋巴细胞与嗜中性杆状核粒细胞的比较（瑞氏染色，1000×5）

（图中 8 个白细胞，上端为嗜中性杆状核粒细胞，其下依次为 2 个单核细胞、2 个淋巴细胞；图右下为 3 个中性粒细胞，其中左下为分叶核，上中及右下为杆状核。图左侧尚有一破裂的白细胞，不计入分类计数）

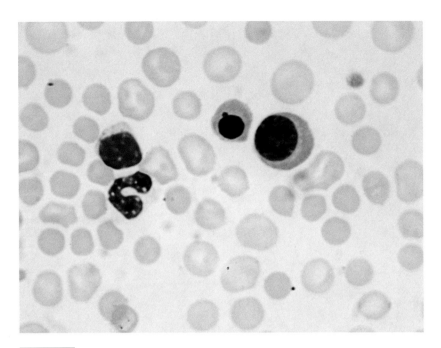

图 2-29

犬的有核红细胞、淋巴细胞及嗜中性杆状核粒细胞比较（瑞氏染色，1000×5）

（图中左侧 2 个白细胞，上为淋巴细胞，下为嗜中性杆状核粒细胞；中间偏右的 2 个有核细胞均为有核红细胞）

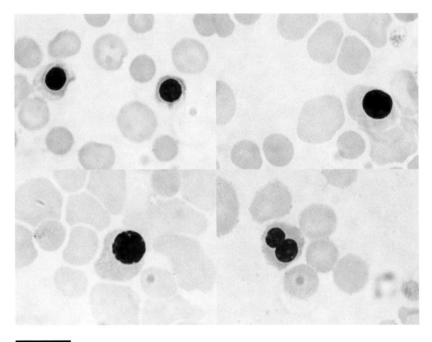

图 2-30

犬的有核红细胞（瑞氏染色，1000×5）

（属未成熟的红细胞，慢性贫血时常见。细胞直径有时较正常的成熟红细胞大；胞浆着色亦稍嗜碱；有一深染的核，胞核通常较淋巴细胞核着色更深，更接近正圆形）

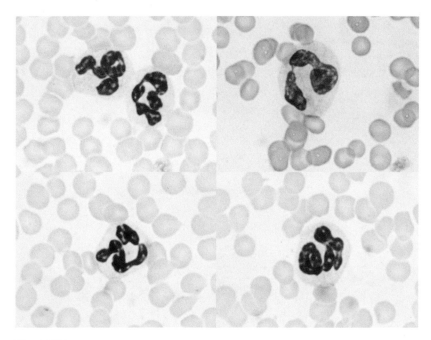

图 2-31

猫的嗜中性分叶核粒细胞（瑞氏染色，1000×5）

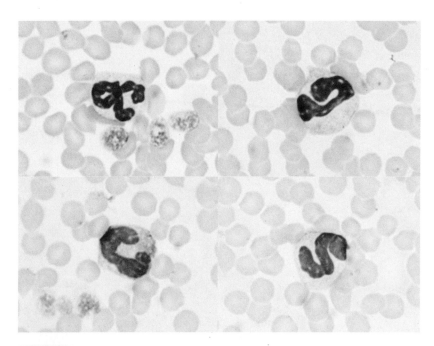

图 2-32

猫的嗜中性杆状核粒细胞（瑞氏染色，1000×5）

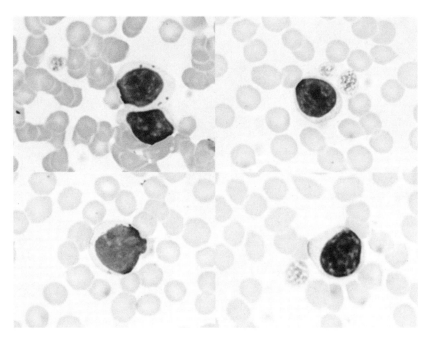

图 2-33
猫的淋巴细胞（瑞氏染色，1000×5）

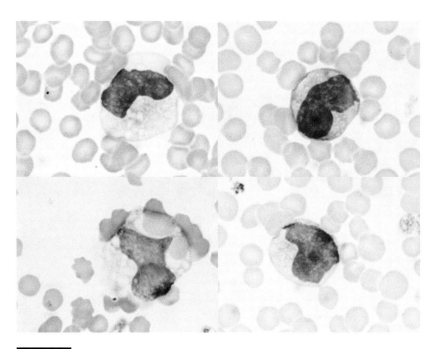

图 2-34
猫的单核细胞（瑞氏染色，1000×5）

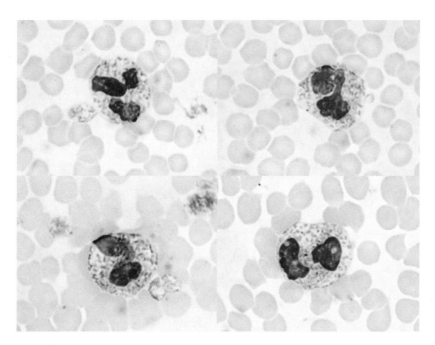

图 2-35
猫的嗜酸性粒细胞（瑞氏染色，1000×5）
（猫的嗜酸性粒细胞，胞浆内嗜酸性颗粒粗细程度中等，红色常较鲜明）

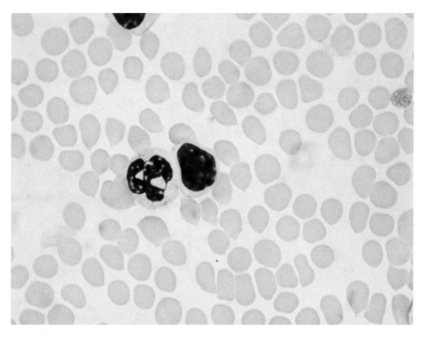

图 2-36
猫的淋巴细胞和嗜中性分叶核粒细胞的比较（瑞氏染色，1000×5）
（图中央2个白细胞，左侧为嗜中性分叶核粒细胞，右侧为淋巴细胞）

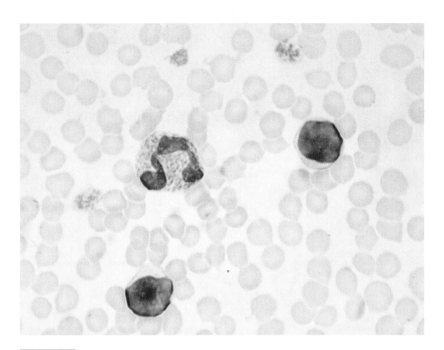

图 2-37
猫的嗜酸性粒细胞与淋巴细胞的比较（瑞氏染色，1000×5）
（图中 3 个白细胞，左上为嗜酸性粒细胞，其余 2 个为淋巴细胞）

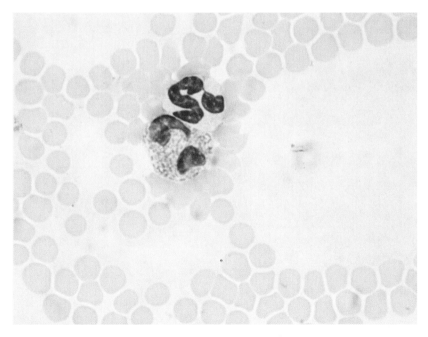

图 2-38
猫的嗜酸性粒细胞与嗜中性分叶核粒细胞的比较（瑞氏染色，1000×5）
（图中 2 个白细胞，上为嗜中性分叶核粒细胞，下为嗜酸性粒细胞）

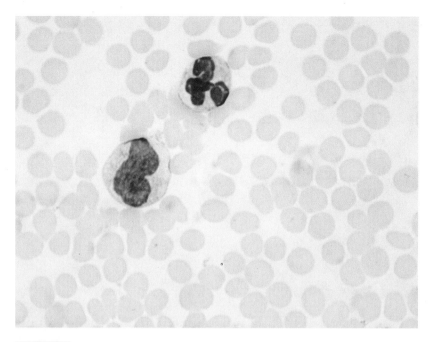

图 2-39

猫的单核细胞与嗜中性分叶核粒细胞的比较（瑞氏染色，1000×5）

（图中 2 个白细胞，上为嗜中性分叶核粒细胞，下为单核细胞）

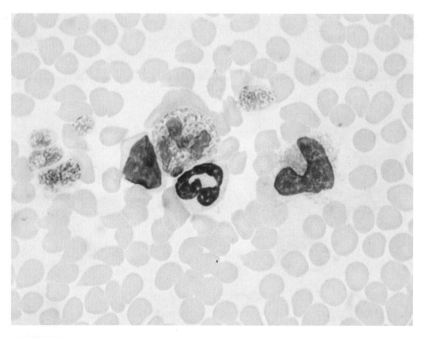

图 2-40

猫的单核细胞、嗜中性分叶核粒细胞、嗜酸性粒细胞及淋巴细胞的比较（瑞氏染色，1000×5）

（图中 4 个白细胞，左为淋巴细胞，中上为嗜酸性粒细胞，中下为嗜中性分叶核粒细胞，右为单核细胞）

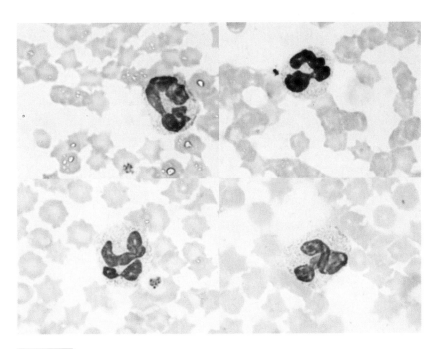

图2-41
猪的嗜中性分叶核粒细胞（香猪，瑞氏染色，1000×5）

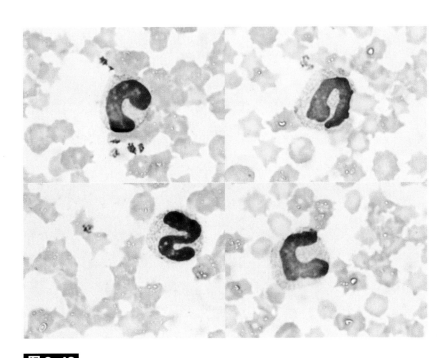

图2-42
猪的嗜中性杆状核粒细胞（香猪，瑞氏染色，1000×5）

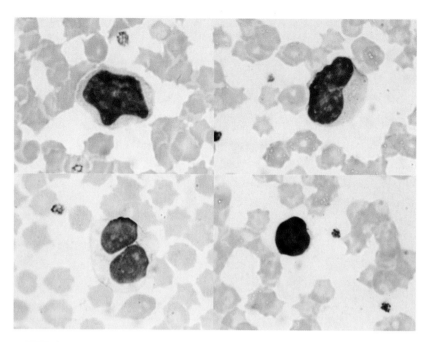

图 2-43

猪的淋巴细胞（香猪，瑞氏染色，1000×5）

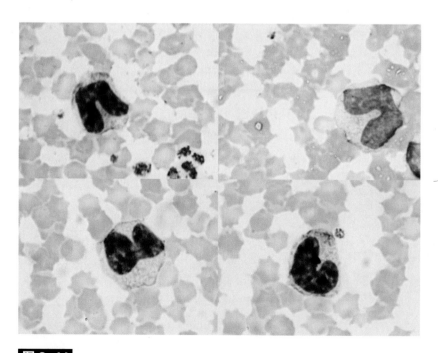

图 2-44

猪的单核细胞（香猪，瑞氏染色，1000×5）

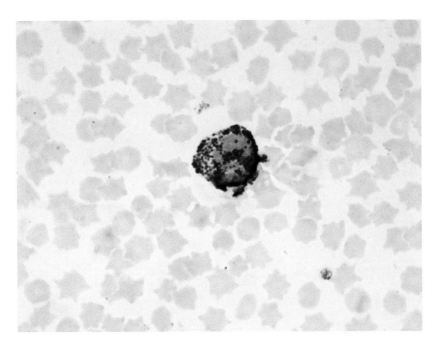

图 2-45

猪的嗜碱性粒细胞（香猪，瑞氏染色，1000×5）

（正常情况下，猪的嗜碱性粒细胞数量较其他动物的稍多）

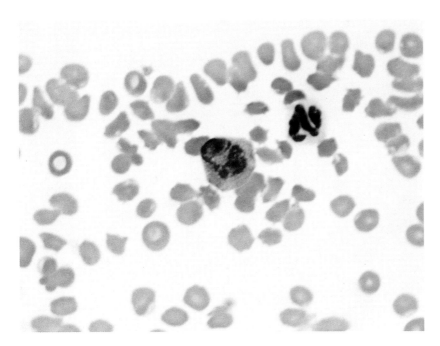

图 2-46

猪的嗜酸性粒细胞与嗜中性分叶核粒细胞的比较（香猪，瑞氏染色，1000×5）

（图中2个白细胞，左为嗜酸性粒细胞，右为嗜中性分叶核粒细胞）

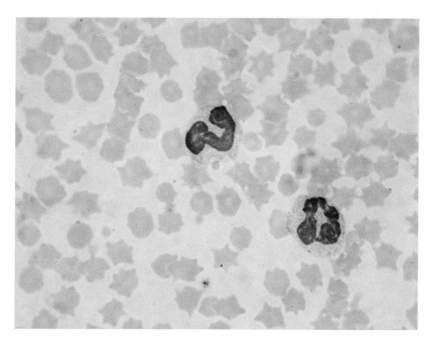

图2-47

猪的嗜中性分叶核与杆状核粒细胞的比较（香猪，瑞氏染色，1000×5）

（图中2个白细胞，左上为嗜中性杆状核粒细胞，右下为嗜中性分叶核粒细胞）

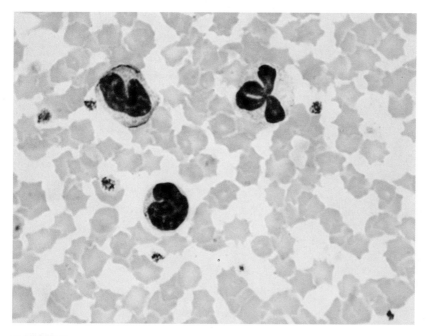

图2-48

猪的淋巴细胞与嗜中性杆状核及分叶核粒细胞的比较（香猪，瑞氏染色，1000×5）

（图中3个白细胞，左上为嗜中性杆状核粒细胞，右上为嗜中性分叶核粒细胞，下为淋巴细胞）

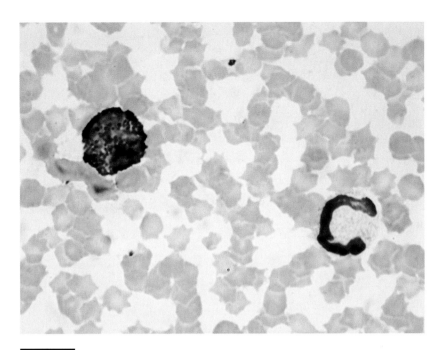

图2-49

猪的嗜碱性粒细胞与嗜中性杆状核粒细胞的比较（香猪，瑞氏染色，1000×5）

（图中2个白细胞，左为嗜碱性粒细胞，右为嗜中性杆状核粒细胞）

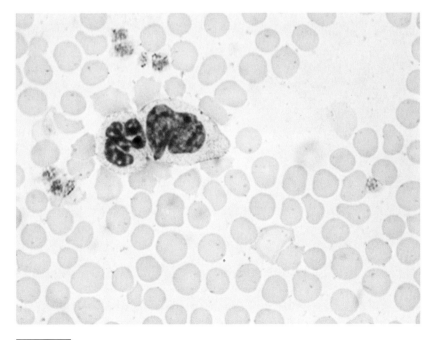

图2-50

猪的单核细胞与嗜中性分叶核粒细胞的比较（香猪，瑞氏染色，1000×5）

（图中2个白细胞，左为嗜中性分叶核粒细胞，右为单核细胞）

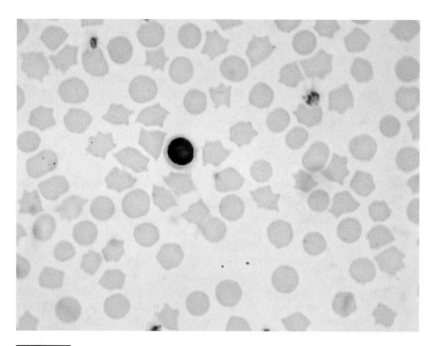

图 2-51

猪的有核红细胞（香猪，瑞氏染色，1000×5）

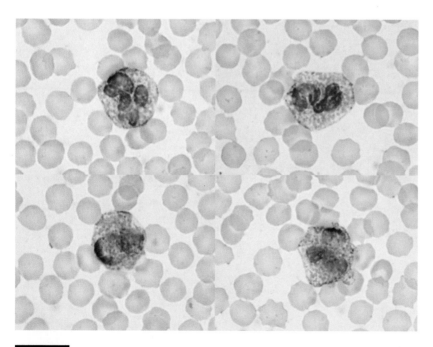

图 2-52

兔的中性粒细胞（瑞氏染色，1000×5）

（兔的中性粒细胞比较特别，其胞浆颗粒着色鲜红，与其他很多动物的嗜酸性粒细胞形态相似）

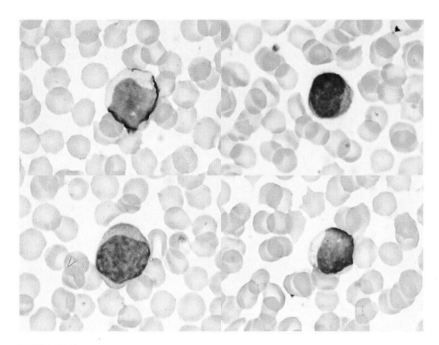

图 2-53
兔的淋巴细胞（瑞氏染色，1000×5）

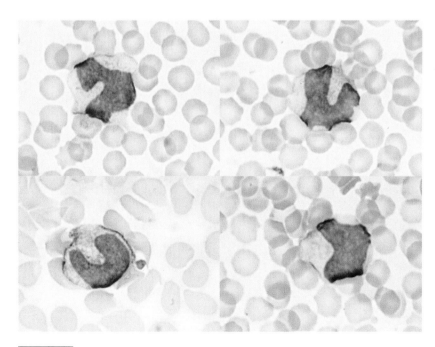

图 2-54
兔的单核粒细胞（瑞氏染色，1000×5）

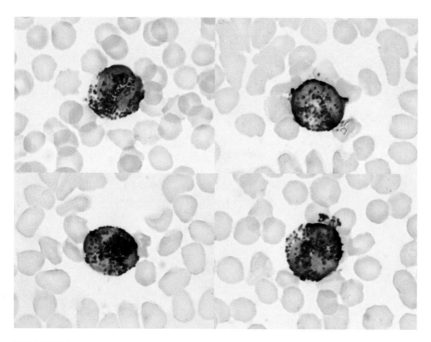

图 2-55

兔的嗜碱性粒细胞（瑞氏染色，1000×5）

（兔血液中的嗜碱性粒细胞较常见，数量较其他常见宠物的多）

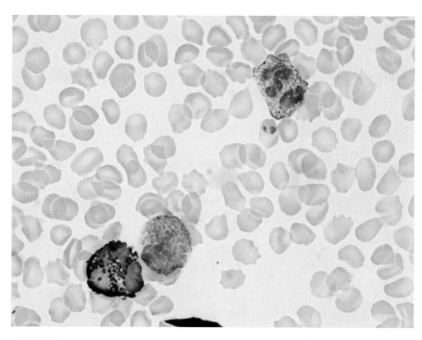

图 2-56

兔的嗜碱性粒细胞、嗜酸性粒细胞和中性粒细胞的比较（瑞氏染色，1000×5）

（图中 3 个白细胞，右上为中性粒细胞，左下偏右者为嗜酸性粒细胞，左下偏左者为嗜碱性粒细胞。注意，兔的嗜酸性粒细胞与中性粒细胞胞浆颗粒着色均鲜红，较难分辨，唯嗜酸性粒细胞的胞浆颗粒较粗大）

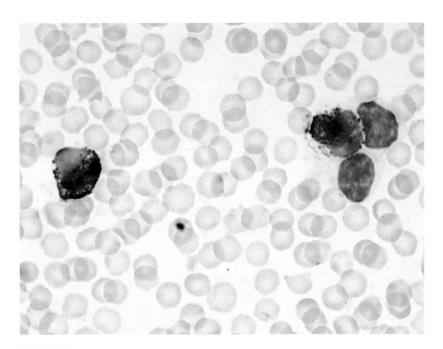

图 2-57

兔的嗜碱性粒细胞和淋巴细胞的比较（瑞氏染色，1000×5）

（图中 4 个白细胞，右侧 3 个细胞中偏右的 2 个为淋巴细胞，其他 2 个为嗜碱性粒细胞）

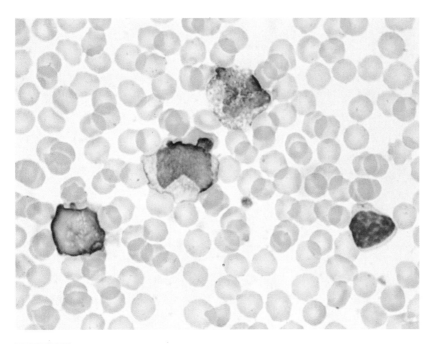

图 2-58

兔的单核细胞、中性粒细胞、淋巴细胞的比较（瑞氏染色，1000×5）

（图中 4 个白细胞，最上者为中性粒细胞，其下为单核细胞，最下 2 个为淋巴细胞）

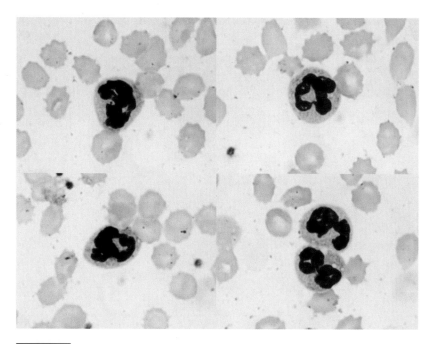

图 2-59

鼠的嗜中性分叶核粒细胞（大鼠，瑞氏染色，1000×5）

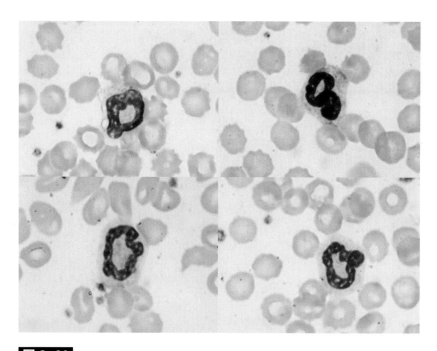

图 2-60

鼠的嗜中性杆状核粒细胞（大鼠，瑞氏染色，1000×5）

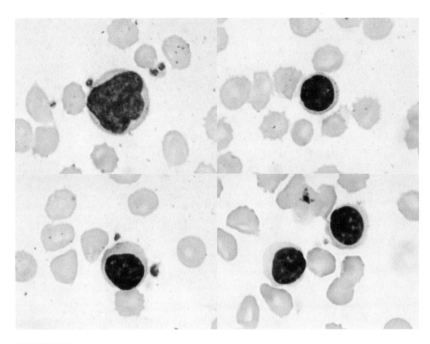

图 2-61
鼠的淋巴细胞（大鼠，瑞氏染色，1000×5）

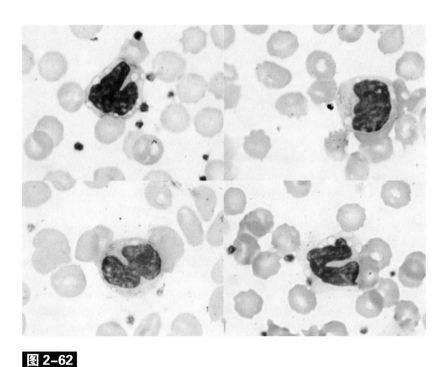

图 2-62
鼠的单核细胞（大鼠，瑞氏染色，1000×5）
（鼠的单核细胞内常见较大、明亮的空泡）

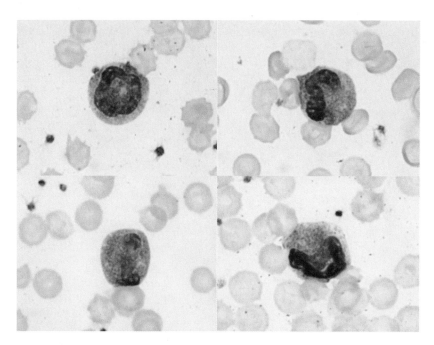

图 2-63

鼠的嗜酸性粒细胞（大鼠，瑞氏染色，1000×5）

（鼠的嗜酸性粒细胞，胞浆嗜酸性颗粒较细腻，颜色较鲜艳）

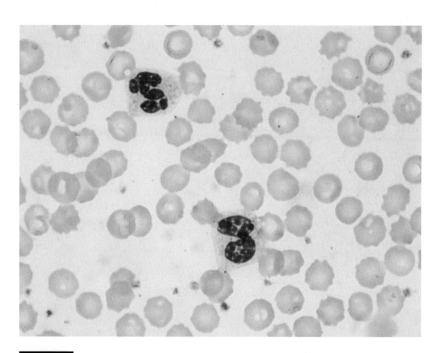

图 2-64

鼠的嗜中性分叶核与杆状核粒细胞的比较（大鼠，瑞氏染色，1000×5）

（图中2个白细胞，上为嗜中性分叶核粒细胞，下为嗜中性杆状核粒细胞）

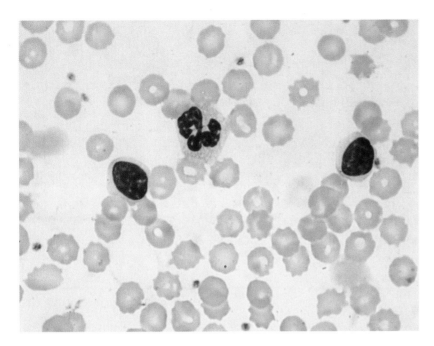

图 2-65

鼠的淋巴细胞与嗜中性分叶核粒细胞比较（大鼠，瑞氏染色，1000×5）

（图中 3 个白细胞，中间为嗜中性分叶核粒细胞，其他为淋巴细胞）

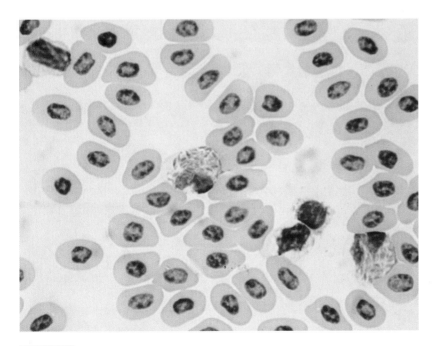

图 2-66

禽类的异嗜性粒细胞（乌鸡，瑞氏染色，1000×5）

〔禽类的异嗜性粒细胞常呈圆形，胞质透明，其中分布有暗红色嗜酸性的杆状或纺锤状颗粒，细胞核有不同程度的分叶（本图中央及右下角，共 2 个异嗜性粒细胞）〕

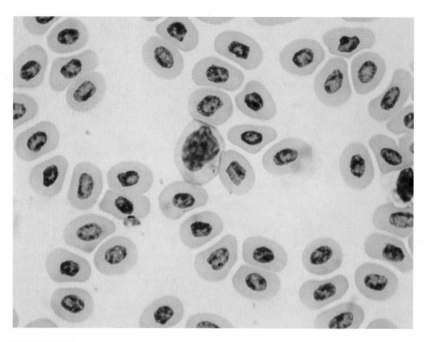

图 2-67

禽类的淋巴细胞（乌鸡，瑞氏染色，1000×5）

[禽类的淋巴细胞核多呈圆形，略偏位于细胞一侧。核染色质浓密，结成块状，着色深。胞质相对较少，弱嗜碱性，有时可见一些无定形的天青色颗粒（本图中央者）]

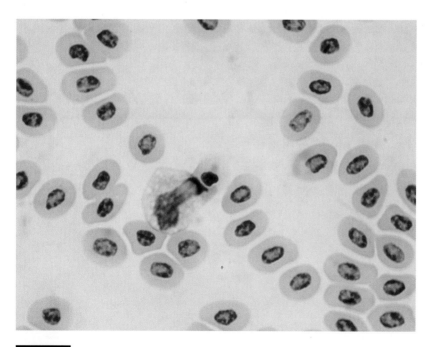

图 2-68

禽类的单核细胞（乌鸡，瑞氏染色，1000×5）

[禽类的单核细胞比大淋巴细胞略大，故难以与其相区别；细胞核不规则，且轮廓不清，染色质呈线条状，着色较浅。细胞质较多，呈蓝灰色]

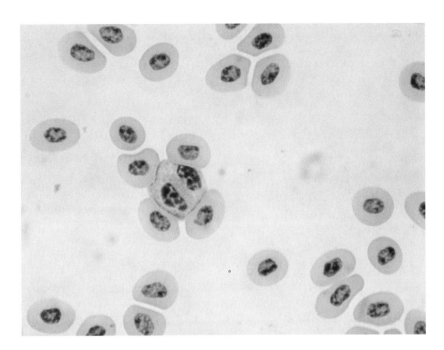

图 2-69

禽类的嗜酸性粒细胞（乌鸡，瑞氏染色，1000×5）

（禽类的嗜酸性粒细胞大小与异嗜性较细胞相近，与其相区别的是细胞质中的嗜酸性颗粒较细小，呈圆形，色鲜红）

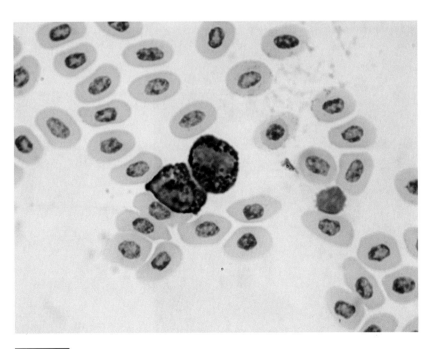

图 2-70

禽类的嗜碱性粒细胞（乌鸡，瑞氏染色，1000×5）

〔禽类的嗜碱性粒细胞形态、大小与异嗜性粒细胞相近，核圆形，有大而明显的嗜碱性颗粒，常把核遮盖（本图中央2个嗜碱性粒细胞）〕

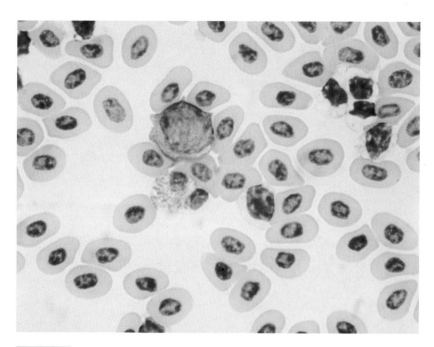

图 2-71

禽类的淋巴细胞和嗜酸性粒细胞的比较（乌鸡，瑞氏染色，1000×5）

（图中 2 个白细胞，上为淋巴细胞，下为嗜酸性粒细胞）

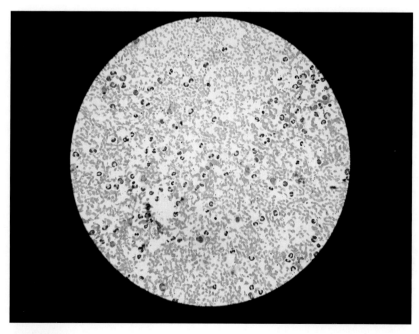

图 2-72

白细胞增多（瑞氏染色，40×）

（这是 张白细胞数达 10.8 万个 / 微升的犬的血涂片，可见各种白细胞增多，密集分布，提示全身性炎症。另外，此时应注意白细胞的形态，检查是否有白血病的可能）

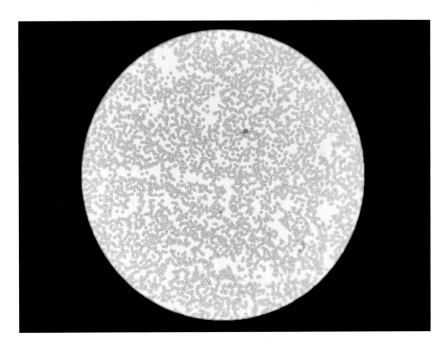

图 2-73

犬白细胞总数减少（40×）

（这是一张白细胞数为 600 个／微升的犬的血涂片，血涂片中满视野仅见 1 个淋巴细胞）

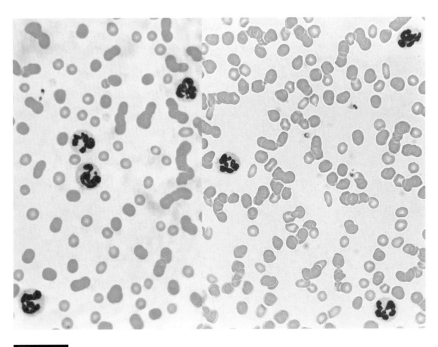

图 2-74

中性粒细胞过度分叶（犬，瑞氏-吉姆萨染色，400×）

（每个中性粒细胞核出现多于 5 个分叶，为细胞衰老的表现）

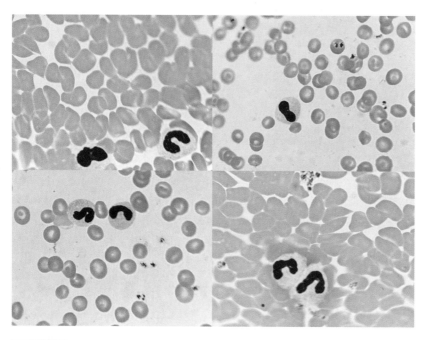

图 2-75

中性粒细胞peiger-huet异常（犬，瑞氏-吉姆萨染色，1000×5）

（图中的各中性粒细胞，如仅用高倍镜观察，均形似杆状核细胞，但如用油镜仔细观察，可见核内有多个聚集的染色质团块，与真正的杆状核不同，本质上属于分叶核。如动物血涂片中半数中性粒细胞形态如此，为 peiger-huet 异常，多由遗传因素造成）

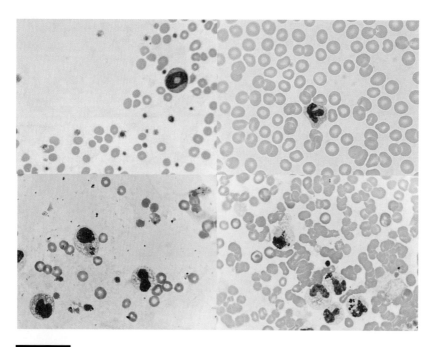

图 2-76

中性粒细胞中毒性变化（犬，瑞氏-吉姆萨染色，1000×）

（左上图显示杆状核中性粒细胞细胞核环形化；右上图显示中性粒细胞胞质嗜碱性增强；左下图显示中性粒细胞胞质空泡化；右下图显示中性粒细胞胞质空泡化并且右侧两细胞内含有被吞噬的球菌。细胞中毒化变化与感染的程度呈正相关）

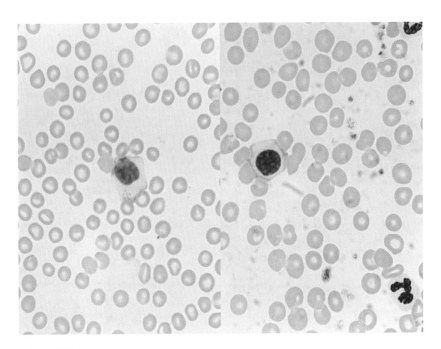

图 2-77

反应性淋巴细胞（犬，瑞氏-吉姆萨染色，1000×5）

（图中两淋巴细胞均见胞质容量增加，多见于免疫刺激后）

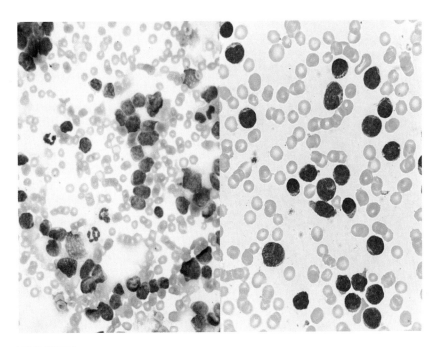

图 2-78

外周血淋巴细胞总数及比率急剧升高（犬，瑞氏染色，400×5）

（见于淋巴白血病病例）

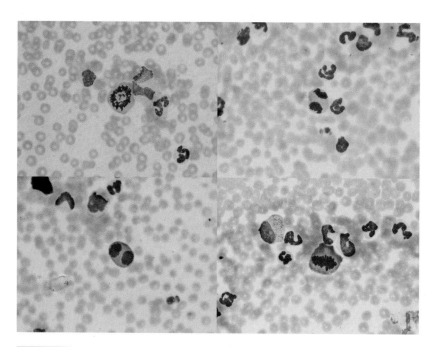

图 2-79

各视野中央可见外周血中淋巴细胞核分裂相（犬，瑞氏染色，1000×）

（本图为一犬的白血病病例，白细胞总数高）

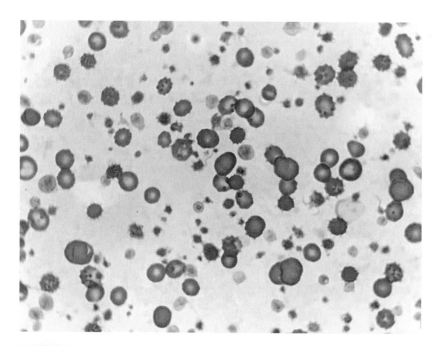

图 2-80

血涂片中的血小板数量增多（瑞氏-吉姆萨染色，1000×）

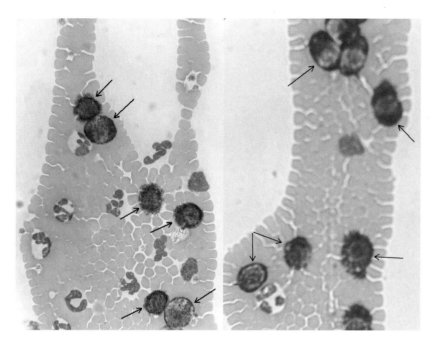

图 2-81

猫血涂片中的肥大细胞（瑞氏-吉姆萨染色，400×）

（图片中肥大细胞集中于血涂片尾部羽状区。肥大细胞核圆形或卵圆形，常因细胞质内有大量小而圆的紫红色颗粒导致细胞核相对模糊，如箭头所示。提示脾肥大细胞瘤）

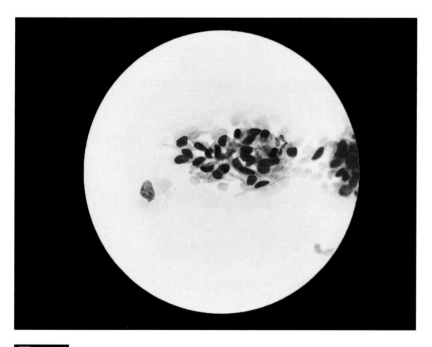

图 2-82

血涂片尾部羽状区聚集的血管内皮细胞（犬，瑞氏-吉姆萨染色，400×）

（集中于血涂片尾部羽状区，如箭头所示。为采血时损伤血管壁所致，并非血液异常）

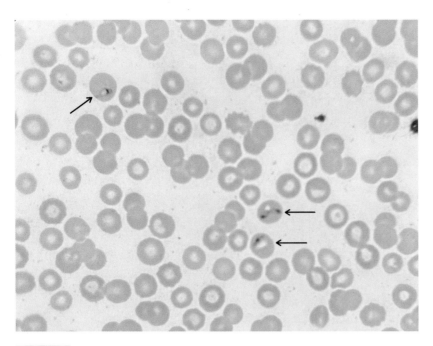

图2-83 犬巴贝斯（瑞氏-吉姆萨染色，1000×5）

（虫体相对较大，一般长4~5微米，最长可达7微米。典型虫体为双梨籽形，两虫尖端以锐角相连，每个红细胞内的虫体数可达1~16个）

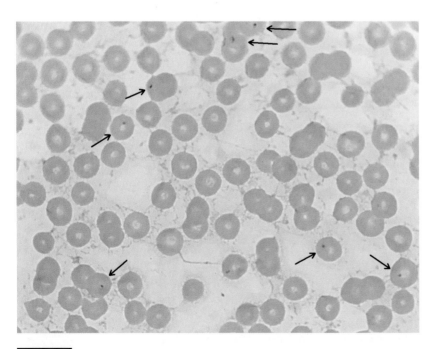

图2-84 吉氏巴贝斯（犬，瑞氏-吉姆萨染色，1000×5）

（虫体很小，多呈环形。卵为圆形，呈梨籽形的很少。一个红细胞内最多可寄生约30个虫体）

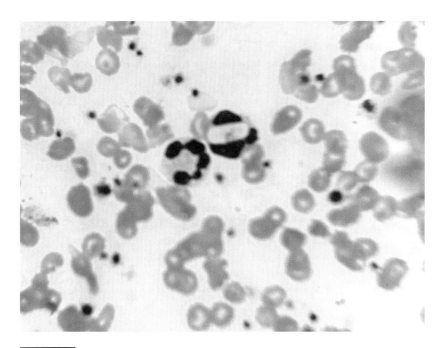

图 2-85
肝簇虫（犬，瑞氏-吉姆萨染色，1000×5）

[是犬的原生动物寄生虫，因摄入被感染的蜱而感染。生物体形成大的配子细胞（可达 11 微米），卵形到椭圆形，在中性粒细胞、单核细胞或两者的细胞质中清晰到淡蓝色的结构。这种生物通常把细胞核移到细胞的一边]

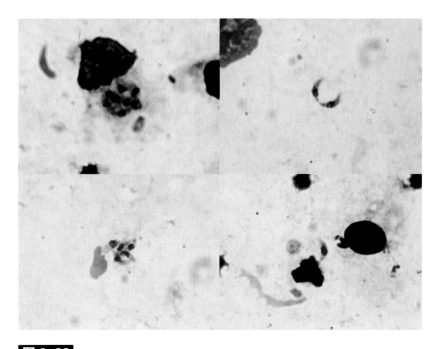

图 2-86
弓形虫（犬，肺组织涂片，瑞氏染色，1000×5）

[虫体状如月牙。检查弓形虫也可用外周血溶血、离心后镜检沉渣的方法，但检出率较低（右上图中央见 2 个虫体；右下图中央见 1 个虫体；左侧上下两图中央见集群的虫体）]

第三章 尿沉渣镜检

尿沉渣镜检的主要对象有上皮细胞、红细胞、白细胞、管型、菌类、各种结晶物等。尿沉渣镜检所见的细胞中，红细胞、白细胞、肾小管上皮的意义较重要。

1. 红细胞

新鲜尿液中红细胞的正常形态多为淡黄色圆盘状；在弱酸性尿中，其形态和色泽可较长时间无改变；在碱性尿中，红细胞破坏很快。尿在体内存留或体外放置过久，血红蛋白可溶解逸出，仅存红细胞空壳阴影，或形成细胞碎片。尿红细胞的出现，常非由于肾小球通透性增加而来。尿路的任何部位，如膀胱、尿道由于感染、结石等发生损伤，导致局部微血管破裂时，均可造成尿中红细胞的出现。尿红细胞大量破坏时，血红蛋白逸出，可造成尿蛋白检验呈阳性。应注意，雌性动物发情时，尿中可能带有从生殖道来的红细胞。镜检中应避免将尿中的脂滴与红细胞混淆，脂滴形态正圆，常大小不一，以此区分于红细胞。

2. 白细胞

正常尿中白细胞多是嗜中性分叶核粒细胞，每高倍镜（40×）视野下含有的白细胞数小于5个，散在分布，直径略大于红细胞，形态较整齐，核清晰可见。脓细胞为白细胞吞噬大量异物后所形成，主要为变性的嗜中性粒细胞，直径基本同嗜中性粒细胞，但内部构造不清晰，边缘模糊不整，常集聚成堆。尿中如有大量的白细胞或脓细胞，则眼观尿液浑浊，静置后有大量沉淀，表示尿路有严重炎症，此时即使未在尿沉渣中检查到微生物，也宜无菌采集尿样进行细菌培养。在尿中有大量的白细胞，并有尿蛋白增多和肾小管上皮细胞的情况下，则为肾炎的象征；下泌尿道发炎时，尿中仅有白细胞和少量蛋白质而基本无肾小管上皮细胞。

3. 上皮细胞

① 肾小管上皮细胞：也称作小圆上皮细胞，直径较小，来自肾小管，多呈圆形或多角形，比白细胞略大，含一大而圆的胞核，核位于细胞的中央，细胞浆中有小颗粒。小圆上皮细胞的大量出现，表示肾实质有严重疾患，常见于肾小球肾炎，其他能引起肾脏损坏的疾病尿中也可出现肾小管上皮细胞。

② 变移上皮细胞：包括尾形上皮和大圆上皮细胞，也统称尿路上皮，大小约为白细胞的2～4倍；形态不一，可似梨形、梭形、圆形或带尾形；核呈圆形或卵圆形。来自膀胱、尿道、输尿管、肾盂、前列腺或精囊腺。在正常尿中不易见到，在肾盂、输尿管、膀胱等的炎症时可成片脱落。

③ 鳞状上皮细胞：也称作扁平上皮细胞，为尿中形态最大的细胞，呈扁平的片状似鱼鳞，含有小而明显的圆形或椭圆形核，来自膀胱、尿道及阴道浅层。正常尿中少量存在，膀胱炎时，尿中可出现大量的鳞状上皮细胞。

4. 精子

正常的精子能活动，外形似蝌蚪，分为扁梨形的头、体及细长而弯曲活动的尾。雄性动物及配种后的雌性动物的尿液中均可发现。

有时为检测动物精子的活性，须人工采精，进行压片观察。精子的活性一般分四级：a级为快速直线向前游动的精子；b级为直线向前游动的精子；c级为缓慢向前曲线游动的精子；d级指在原地活动的精子。一般认为，b级以上的精子，才有可能使卵子受精。一般要求a级和b级精子超过50%。采精后1小时内，具有活动能力的精子应不少于60%～80%，若过少则为弱精；若精液里的精子全部无运动，则为死精。

5. 管型

管型是在肾小管内发生蛋白质凝固而形成的圆柱状结构，其主要成分是黏液蛋白和细胞。黏液蛋白大多数分泌自髓袢上皮、远曲小管及集合管上皮细胞，当其浓缩以后则形成透明管型。按病情严重程度，先从细胞管型到颗粒管型，再到蜡样管型。正常尿液内不含或仅含有少量管型，当尿液内出现多量管型时，表示肾脏有病理变化；但并非所有的管型都会随尿液进入膀胱并排出体外，因此未见管型的情况下并不能完全排除肾小管损害的可能。管型可因尿胆素原、血红蛋白及肌红蛋白的染色而呈现红色或棕色。

管型按其形状和特性分，常见下列数种：

① 透明管型：正常尿中偶见，典型结构为质地均匀，边缘光滑，呈明显的圆柱形，几乎无色透明，长短不一，宽度为1～8倍红细胞直径，多半伸直而少曲折。有时有少许颗粒、细胞、脂滴等包含其中或附着于外。

② 颗粒管型：是泌尿系疾病出现的管型中最常见者，为透明管型中含有多量颗粒，色泽较透明管型稍暗，较透明管型短而粗。其颗粒主要由变性蛋白、脂肪微粒等构成，均为肾上皮细胞变性的产物。

③ 上皮管型：为管型中含有肾小管上皮细胞。

④ 红细胞管型：为管型中含有红细胞，说明肾小球或肾小管出血。

⑤ 蜡样管型：为肾小管内停留时间很久的透明管型所形成。形态似透明管型，质地均匀，轮廓明显，两端不整齐呈折断状，有时分节或扭曲，常含少许颗粒或细胞，颜色灰暗似蜡样。在重剧的急、慢性肾小球性肾炎的病程中，如果出现蜡样管型，常为预后不良之指征。

6. 黏液

尿液中的黏液呈丝状或轻雾状，边缘不明确，呈丝状时，粗细不均匀，弯曲盘绕。正常尿中偶见，泌尿道受炎性刺激时常见。

7. 菌类

尿液中有时可见大量细菌，真菌。在高倍视野下可见细菌在新鲜尿液中发生布朗运动，而真菌菌丝的折光率较高，边缘较清晰，但应与黏液丝等相区别。

8. 结晶物

尿液中结晶物的析出决定于该物质在尿中的饱和度。从尿中排泄少量结晶、盐类成分，是健康动物尿的正常功能，一般无临床意义。但如尿液中结晶数量明显增加，则易形成泌尿系统结石。常见的尿结晶类型包括无定型结晶、磷酸铵镁结晶、草酸钙结晶、尿酸盐结晶、胱氨酸结晶、胆红素结晶、重尿酸铵结晶、碳酸钙结晶等。

① 无定型结晶：是指无特定形态，显微镜下呈现细砂状结晶。酸性尿液中的无定型结晶常为尿酸盐，碱性或近中性尿液中的无定型结晶常为磷酸盐。尿酸盐沉积是由于体内嘌呤代谢紊乱、尿酸排泄减少而血尿酸升高所致，易引起肾脏疾病和痛风性关节炎。磷酸盐结晶主要来源于食物和机体代谢组织分解时所产生，为尿液的正常成分，通常无临床意义；但若尿中长期出现磷酸盐结晶时，应注意有磷酸盐结石的可能。

② 磷酸铵镁结晶：是一种无色的结晶，折光性比较强，典型形态是呈棺盖样，也可呈交叉形、沙漏样、金条形、信封状或立体样等。它是一种生理性的结晶，但在尿道感染的动物尿液中也可出现。

③ 草酸钙结晶：主要以一水草酸钙、二水草酸钙两种形态存在。一水草酸钙多呈长六边形、纺锤形或哑铃形，该结晶多在乙二醇防冻剂中毒病例中出现。二水草酸钙主要呈四方双锥的粒晶结构，且同一样本内可同时见到大小差别很大的结晶体，临床上常见于高钙尿和pH值较高的尿液中，在乙二醇中毒的犬的尿液中也可见该结晶。

④ 尿酸盐结晶：主要为大小、形态不一的四边形结晶薄片，在嘌呤代谢异常、痛风的动物尿中可出现。

⑤ 胱氨酸结晶：是蛋白质分解而来的产物。形态比较一致，均为无色六边形薄片样结晶，边长可不等长，边缘清晰，折光性强，可上下层层重叠；正常尿液中少见，常发生在先天性胱氨酸代谢异常及肾小管重吸收功能下降的犬、猫中。

⑥ 胆红素结晶：常呈褐色稻草状。正常犬尿液中可见少量胆红素结晶，但在猫尿液中出现该结晶，提示与肝脏疾病或血管外溶血（胆红素血症）有关。

⑦ 重尿酸铵结晶：尿酸铵结晶在新鲜酸性尿中很少出现，是碱性尿液中唯一出现的尿酸盐结晶，是尿酸与游离铵结合的产物。多为黄褐色不透明样晶体，形态奇特，其典型特征是树根状、海星状、棘球状，也可见哑铃样等形态。常见于慢性肝脏疾病或肝门静脉短路。

⑧ 碳酸钙结晶：是一种黄褐色或无色的哑铃形或球形结晶，单独或两两联合呈汉堡样，常见于马和兔的尿液中，犬、猫尿液中少见。

不同类型尿结晶的酸碱性见表3-10。

表3-1 不同类型尿结晶的酸碱性

酸碱范围	结晶种类
酸性	草酸盐类：一水草酸钙、二水草酸钙 尿酸盐类：尿酸、尿酸铵、无定型结晶 药物结晶：磺胺类结晶 氨基酸结晶：酪氨酸、胱氨酸结晶 其他：胆固醇、胆红素结晶
碱性	磷酸盐类：磷酸铵镁、磷酸钙、无定型结晶 碳酸盐类：碳酸钙
弱酸性或弱碱性	草酸钙、磷酸铵镁、胱氨酸结晶
酸性或碱性	双尿酸铵

各种尿沉渣镜检图谱参见图3-1～图3-30。

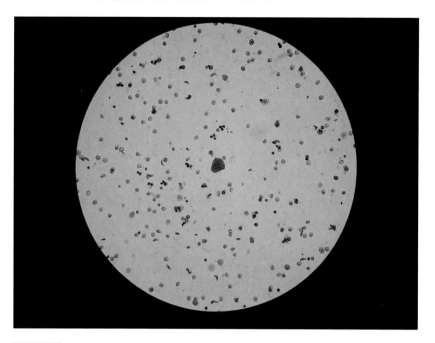

图 3-1

尿沉渣中的红细胞和上皮细胞（犬，碘染色，400×）

（视野内布满皱缩变形的红细胞，中央为一鳞状上皮细胞）

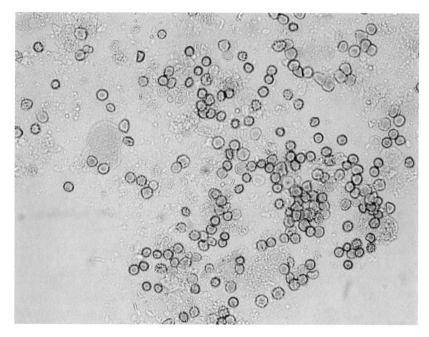

图 3-2

尿沉渣中的大量红细胞（犬血尿，碘染色，400×5）

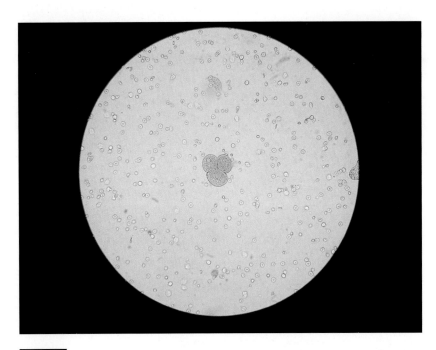

图 3-3

尿沉渣中的变移（大圆）上皮细胞（犬，碘染色，400×）

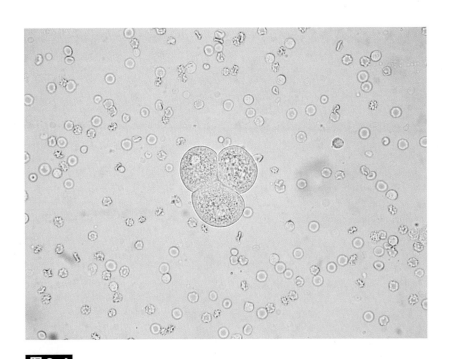

图 3-4

尿沉渣中的变移（大圆）上皮细胞（犬，未染色，400×5）

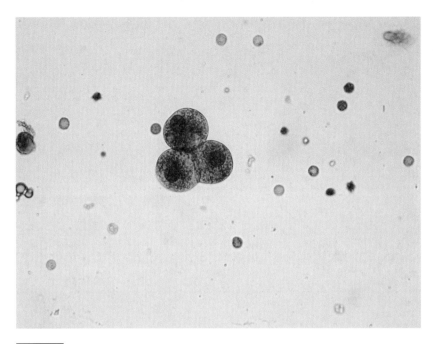

图 3-5
尿沉渣中的变移（大圆）上皮细胞（犬，碘染色，400×5）

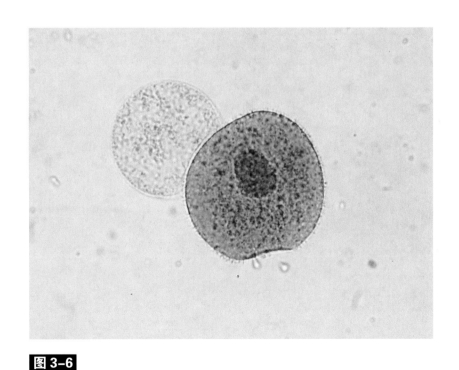

图 3-6
尿沉渣中的变移（大圆）上皮细胞（犬，碘染色，1000×5）
（其核浆比例较小，注意区别于肾小管上皮细胞）

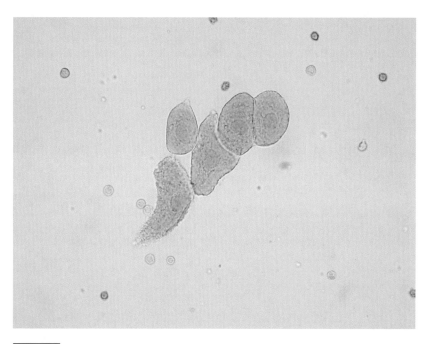

图 3-7
尿沉渣中的变移（尾形）上皮细胞（犬，碘染色，400×5）

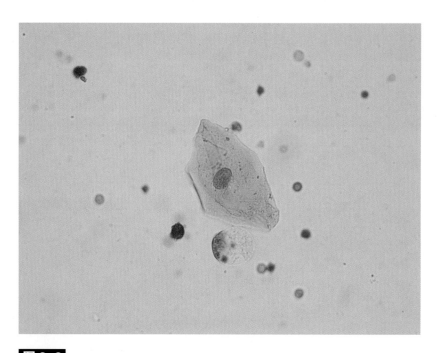

图 3-8
尿沉渣中的鳞状上皮细胞（犬，碘染色，400×5）

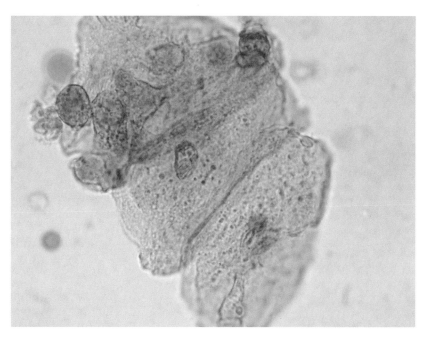

图 3-9
尿沉渣中的多个鳞状上皮细胞〔犬，碘染色，1000×5〕

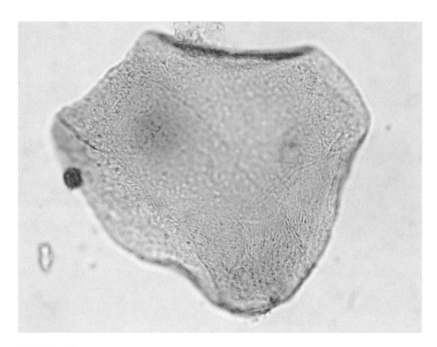

图 3-10
尿沉渣中的鳞状上皮细胞〔犬，碘染色，1000×5〕

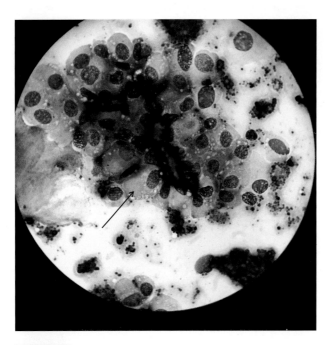

图 3-11

尿液中的膀胱移行上皮（犬，吉姆萨染色，1000×5）

［膀胱移行上皮近似圆形，胞体较鳞状上皮小（如箭头所指之细胞群落）。图中黑色不规则斑块、渣滓为血尿中红细胞的降解产物］

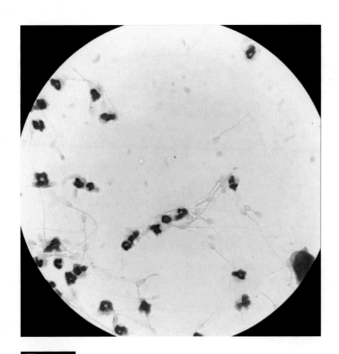

图 3-12

尿沉渣中染色的中性粒细胞和精子（犬，瑞氏-吉姆萨染色，400×）

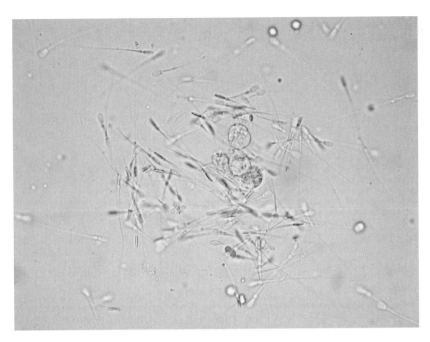

图 3-13

尿沉渣中的精子和白细胞（犬，未染色，400×5）

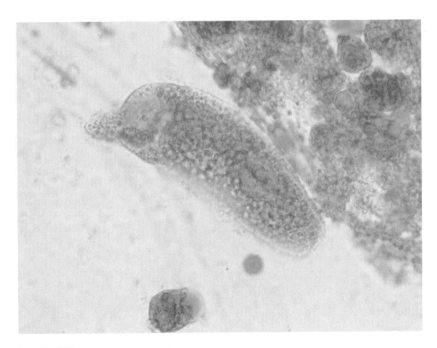

图 3-14

尿沉渣中的颗粒管型（犬，碘染色，1000×5）

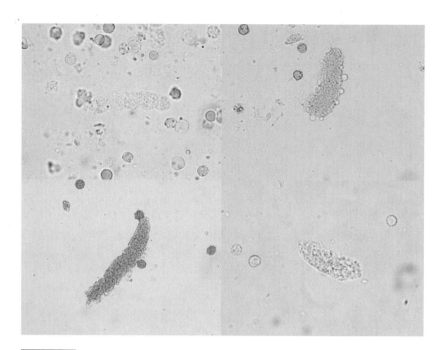

图 3-15
尿沉渣中的颗粒管型〔未染色及碘染色，400×5〕

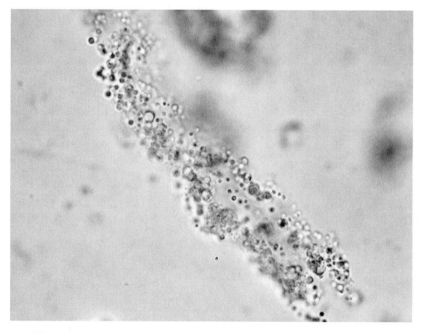

图 3-16
尿沉渣中的脂肪管型〔猫，1000×5〕

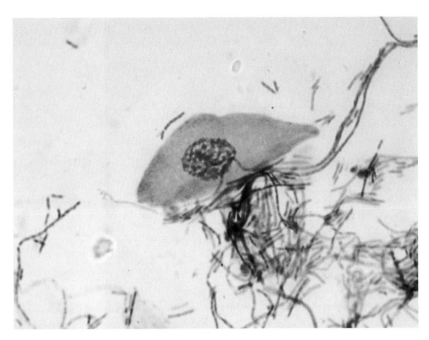

图 3-17

尿沉渣中的变移（尾形）上皮和杆菌（涂片，瑞氏染色，1000×5）

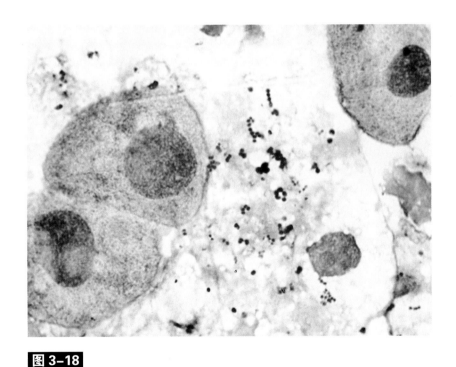

图 3-18

尿沉渣中的小圆上皮和球菌（涂片，瑞氏染色，1000×5）

（图中左侧的两个细胞为小圆上皮细胞，中央深蓝色小点为球菌）

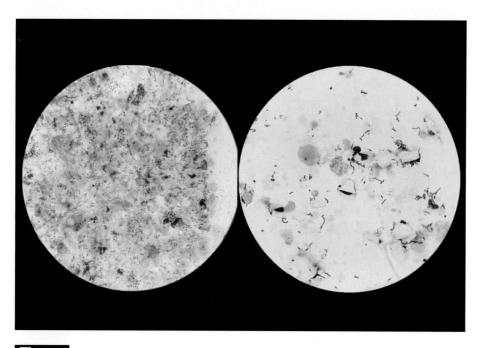

图 3-19

尿沉渣中的破裂细胞和杆菌（涂片，瑞氏染色，400×）

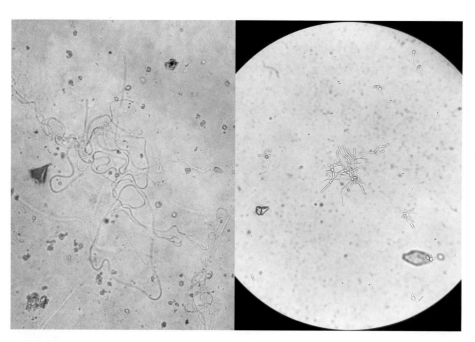

图 3-20

尿中的真菌菌丝（猫，未染色，左图为400×5，右图为400×）

［白色念珠菌（泌尿系致病菌），引起脓尿、血尿、尿道黏膜脱落等。大量菌丝与脱落的上皮、尿结晶物缠绕在一起，可形成尿道栓塞］

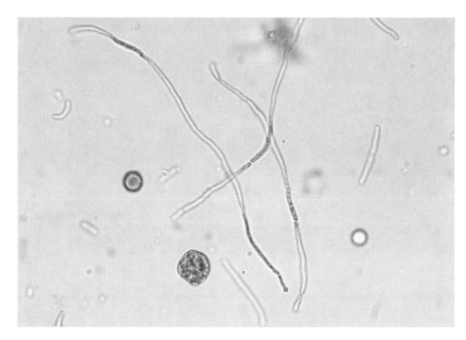

图 3-21
尿沉渣中的小脂滴、红细胞和白色念珠菌菌丝（猫，碘染色，1000×5）

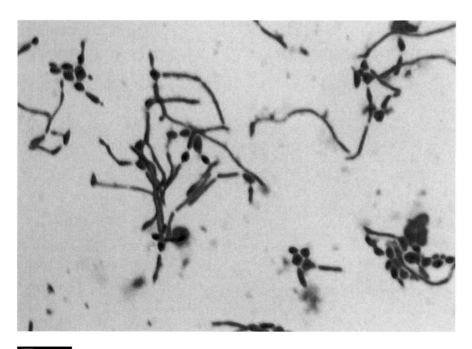

图 3-22
尿中的酵母菌（瑞氏-吉姆萨染色，1000×）

图 3-23

尿道白色念珠菌感染后形成的栓塞物（猫）

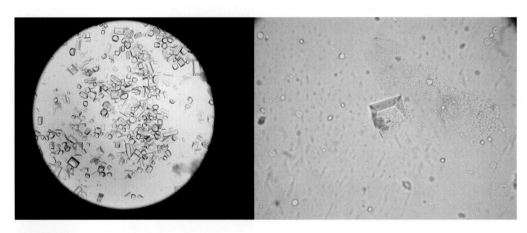

图 3-24

尿沉渣中典型的磷酸铵镁结晶（犬，左图为400×，右图为400×5）

　（为无色的晶体，折光性较强，典型形态呈棺盖样，也可呈交叉形、沙漏样、金条形、信封状或立体样等。少量时常为生理性结晶，但大量存在时可引起尿道损伤）

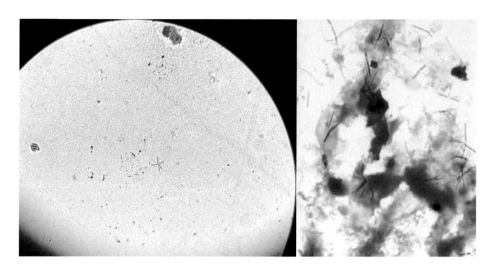

图 3-25

尿液中的胆红素结晶（犬，左图为400×，右图为400×5）

[常呈褐色稻草状。正常犬尿液中可见少量胆红素结晶；猫尿液中出现该结晶，提示与肝脏疾病或血管外溶血（胆红素血症）有关]

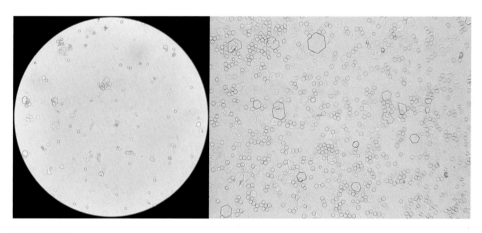

图 3-26

尿液中的胱氨酸结晶（犬，左图为400×，右图为400×5）

（为无色六边形薄片样结晶，形态较均匀，边缘清晰，折光性强，可上下层层重叠。为蛋白质分解产物）

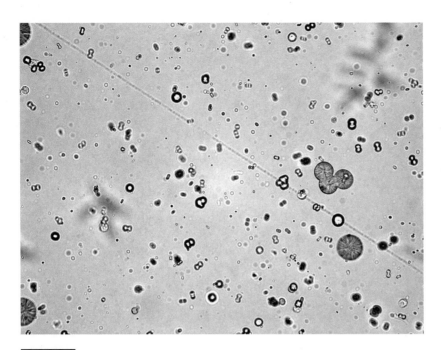

图 3-27

尿液中的碳酸钙结晶（犬，400×5）

（晶体黄褐色或无色，呈单独的球形或两两联合呈哑铃形，常见于马和兔的尿液中，犬和猫尿液中少见）

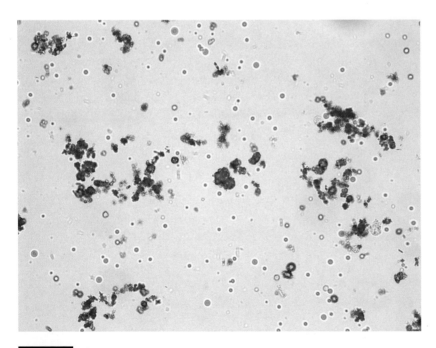

图 3-28

重尿酸氨结晶（犬，400×）

（多为黄褐色不透明样晶体，是尿酸与游离铵结合的产物，形态较杂乱，在新鲜酸性尿中很少出现）

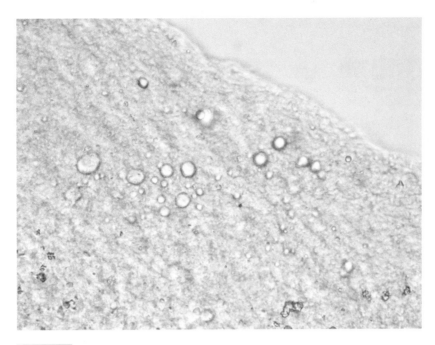

图 3-29

尿中的脂滴（猫，未染色，400×5）

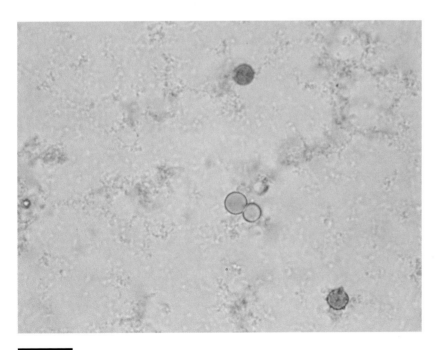

图 3-30

尿中的脂滴（猫，碘染色，400×5）

第四章 🐾 粪便镜检

粪便显微镜检查时，主要检查消化产物、体细胞、寄生虫、植物细胞和菌类等。

1. 消化产物

① 脂肪：无色透明或呈淡黄色，由于表面张力作用，通常呈球形，大小不一。有时，样品中液体成分发生流动时，较大的脂滴流经过狭窄的通道，可发生变形。应与气泡相鉴别。镜下，气泡不易变形且折光率较大，边缘清晰。动物摄入普通饮食时，粪便内不见或少见脂肪滴。如见到大量脂滴，多属病态。有时，动物摄入脂肪过多，消化、吸收不完全，粪检也可见较多脂滴。另外，应注意动物之前是否使用过油类泻剂。

② 肌肉纤维：在低倍镜下似蜡样，呈较鲜明的黄色，形状不定，消化较充分时，内部结构较均匀，消化不充分时，在高倍镜下可见内部未消化的肌丝和横纹。肉食兽粪便中有时可见。摄入过多或消化不良时，可大量出现。

③ 淀粉：颗粒细小，呈球形，有时数个淀粉球聚集成团。经碘染色呈棕黑色或蓝紫色。摄入过多或消化不良时大量出现。部分植物细胞内也含大量淀粉成分，经碘染色后呈蓝紫色。

2. 体细胞

① 红细胞：红细胞抵抗力弱，在肠道中易被消化、腐败而破坏。粪便中正常形态的红细胞可见于后部肠道近期出血。如异物损伤、感染性大肠炎等。前部肠道出血，粪便中红细胞形态常变形破坏严重。

② 白细胞：粪便中的白细胞来自肠壁的渗出，呈圆形，有核，结构清晰，正常时偶见；脓细胞结构不清，常聚集成团，混杂于大量黏液中。在低倍镜下观察时，少量白细胞或脓细胞如未经碘染色，有时不易发现。大量白细胞或脓细胞的存在，提示剧烈的肠炎。

③ 上皮细胞

a.扁平上皮细胞，或称作鳞状上皮，其形状多为多边形，个体大，可见到细胞核，常来自肛门附近。

b.柱状上皮细胞，主要来自肠壁。生理情况下，肠上皮亦会不断更新、脱落，但数量不大且常已破坏，不易见到。粪便中出现大量柱状上皮和白细胞、脓细胞及黏液者，多为肠道炎症。

3. 寄生虫

① 球虫：原虫。卵囊呈卵圆形，无色，壁薄而光滑，单层，内有2个到多个孢子囊；大小为（35～42）微米×（27～33）微米，寄生在肠道黏膜上皮内。镜检时，常可在脱落的黏膜及黏液内大量发现。感染猫、狗、兔等，引起腹泻、肠道出血。球虫感染的腹泻，常

伴有较明显的腹痛。

② 贾第虫：原虫。虫体有滋养体和包囊两种形态。滋养体腹背位观，呈梨形，轴对称，前部呈圆形，尾部逐渐变尖；侧面观，背部隆起，腹面扁平；长9～20微米，宽5～10微米，腹面有2个吸盘，有2个核、4对鞭毛，靠尾部的鞭毛较明显。包囊呈椭圆形，内部常见2～4个核。在生理盐水稀释的样品中，可靠鞭毛运动。可感染猪、狗、猫、鼠等，致腹泻。在低倍镜下有时可察觉到其运动，应以高倍镜观察鉴别。

③ 滴虫：原虫。虫体呈立体的纺锤形或梨形，不似贾第虫的一侧扁平；常有4～6根鞭毛，分别向头、尾两侧伸出；体形大小与贾第虫相仿或稍小，通常没有包囊阶段。在生理盐水稀释的样品中运动活跃，但由于其折光率与背景相似，观察、发现较困难，须在高倍镜下仔细鉴别。常感染猪、狗等，致腹泻。滴虫感染的腹泻，粪便内常见白细胞大量渗出。

④ 蛔虫：粪便镜检常见其虫卵。蛔虫卵呈球形或椭球形，卵壳厚，多层，外层粗糙，表面凸凹不平，原无色，常被粪便内胆色素染为黄色至棕绿色，卵壳内为球形细颗粒的胚细胞，极少含有粗大颗粒，有时因卵壳颇厚而不易辨认其内部构造。有时见动物吐出或随粪便排出虫体，虫体长5～18毫米，白色，线状。

⑤ 钩虫：钩虫卵呈椭圆形，卵壳为明显的一层，极薄而透明，无色，内含多个卵胞，卵壳与卵胞间清澈透明。虫体白色，线状，附着于肠道黏膜上，引起肠炎、出血。

⑥ 绦虫：卵囊体积较大，形态特征明显，易于鉴别。成熟的孕节常随粪便排出体外，白色，状如一小段扁的面条；孕节干燥后状如白芝麻，常挂于肛门周围。

⑦ 吸虫：吸虫卵是肠道寄生虫中最小的虫卵之一，形状稍似椭球形，但一端稍细，另一端稍钝圆，较细的一端有卵盖；卵壳较厚，淡棕黄色，外表不很光滑。吸虫的虫体半透明，形似蚂蟥，两端均有吸盘。

4. 植物细胞

无论杂食或草食宠物，均有较多机会摄入植物，粪便中常有植物细胞。很多植物细胞的形态特殊，易与寄生虫的虫体或虫卵混淆，当注意鉴别之。

① 纤毛：存在于植物叶片表面，呈线状，中空，基部钝，末梢尖；表面光滑或有凸起。注意避免误为线虫虫体。

② 木栓细胞：常呈蜂窝状排列，亦有个别脱落的单个细胞。细胞常呈多边形，壁较厚，内有颗粒。注意与寄生虫卵区别。寄生虫卵外壁均圆滑，不呈多边形。

③ 植物导管：植物的导管系统多呈螺旋形盘曲，脱落厚状似弹簧，断裂的导管有时呈环状。

④ 花粉：外观多呈较光滑的球形，颜色多样，其形状最易与寄生虫卵相混淆。但花粉的平均直径较寄生虫卵小。

有些植物细胞内还含有草酸钙晶体及淀粉等。

5. 菌类

正常粪便中含大量细菌。粪便中的细菌形态、种类多样，不能单纯从形态上进行鉴别。虽然对粪便中细菌的形态观察不能为诊断提供确切的依据，但某些种类细菌的形态较有特点，其数量的变化可引起对细菌性肠炎的怀疑。

粪便中常有少量真菌。消化道内有害真菌数量过多时，也可引起胃肠炎。值得注意的是，如兔等草食宠物，由于其消化的需要，肠道内常有较大量的真菌存在，仍属正常现象。另外，动物服用酵母片等微生物制剂后，肠道内也可见相应的真菌。

各种粪便镜检图谱参见图4-1～图4-62。

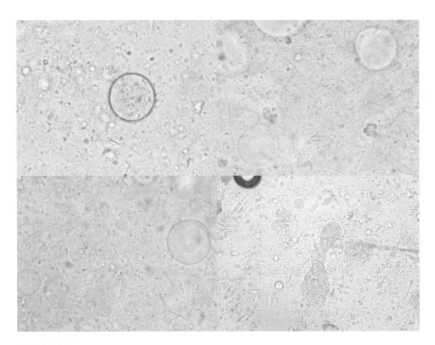

图 4-1
粪便中的脂滴（400×5）
（通常呈球形，但较大的脂滴流经过狭窄的通道时，可发生变形，如右下图中所见）

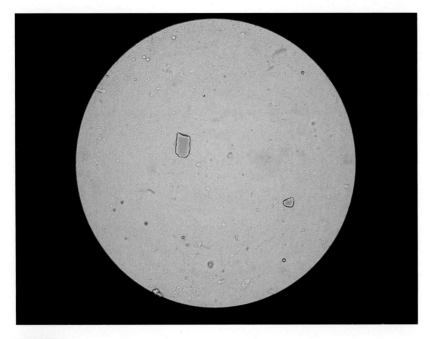

图 4-2
粪便中的肌纤维（100×）
（在低倍镜下似蜡样，呈较鲜明的黄色）

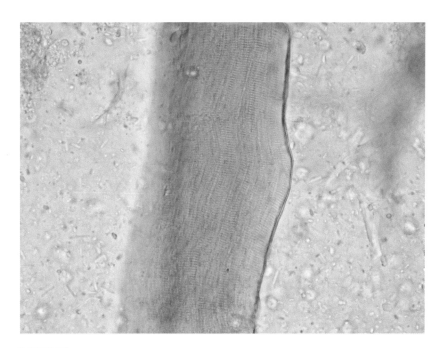

图 4-3
粪便中的肌纤维（400×5）
（可见内部未消化的肌丝和横纹）

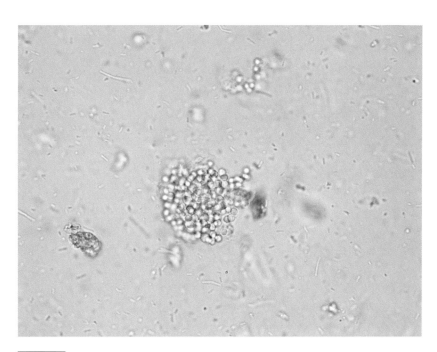

图 4-4
粪便中的淀粉颗粒（未染色，400×）
（大量细小淀粉颗粒成团存在）

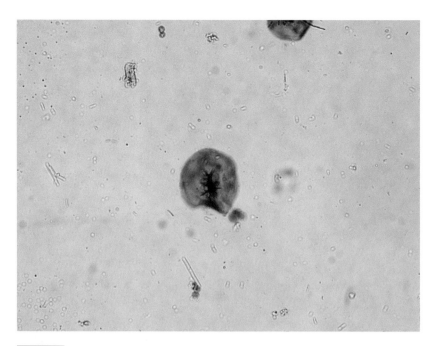

图 4-5
粪便中来源于植物细胞的淀粉（碘染色，400×）

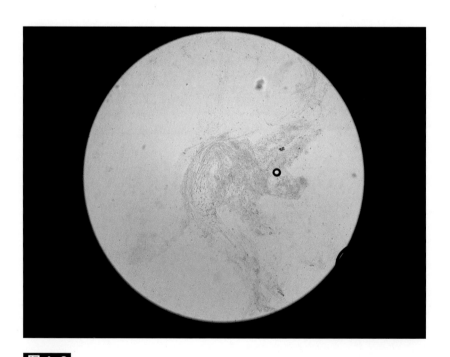

图 4-6
肠炎腹泻时肠道分泌的黏液，内有大量脱落的上皮和渗出的白细胞（未染色，40×）

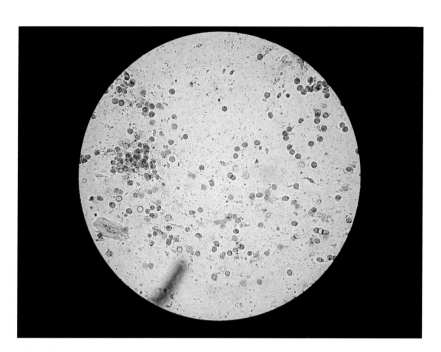

图 4-7

肠炎时肠道内大量白细胞渗出（犬，碘染色，100×）

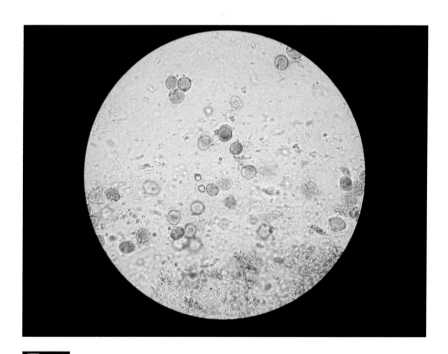

图 4-8

肠炎时肠道内大量白细胞渗出（犬，碘染色，400×）

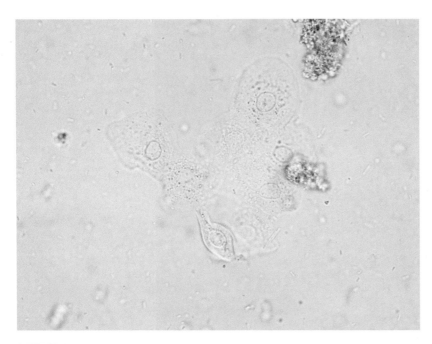

图 4-9

肠道扁平上皮细胞〔犬，未染色，400×5〕

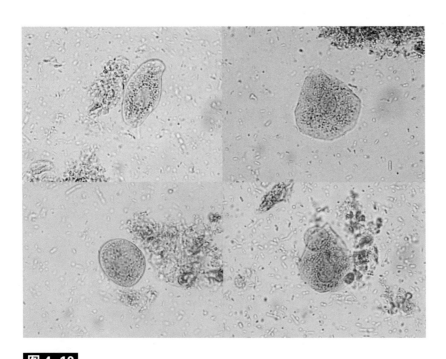

图 4-10

各种形态的肠道扁平上皮细胞〔犬，碘染色，400×5〕

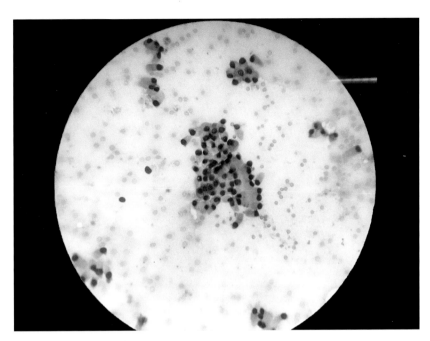

图 4-11

肠道柱状上皮细胞（犬，瑞氏-吉姆萨染色，100×）

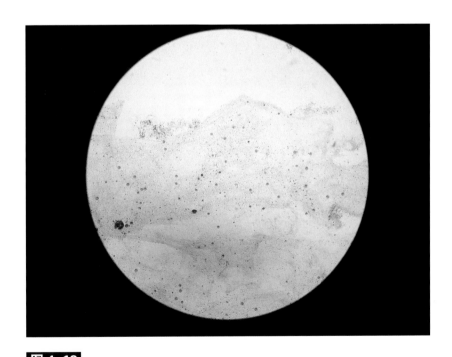

图 4-12

球虫（犬，未染色，100×）

（球虫体积较小，在 10 倍物镜观察时易被忽略。本图显示肠道黏液中存在大量球虫）

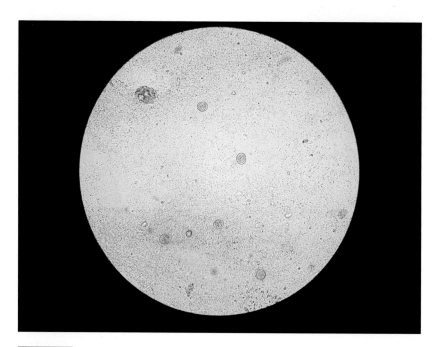

图 4-13

球虫（犬，未染色，400×）

（本图显示5个球虫）

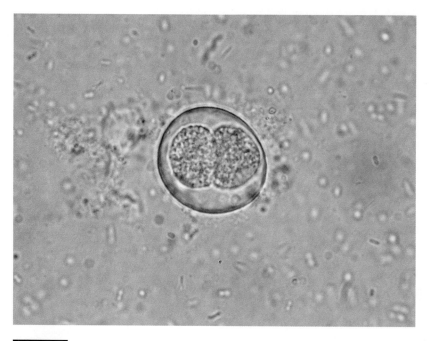

图 4-14

球虫卵囊（犬，未染色，1000×5）

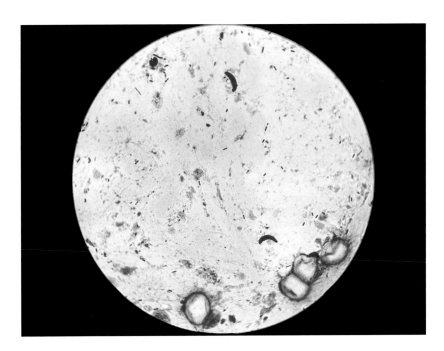

图 4-15

球虫裂殖子（犬，瑞氏-吉姆萨染色，400×）

（本图显示了 4 个裂殖子。与卵囊不同，球虫的裂殖子未染色时不易观察分辨）

图 4-16

球虫引起的幼犬腹泻与直肠脱

（幼犬因球虫感染而发生腹泻，常伴有疼痛呻吟）

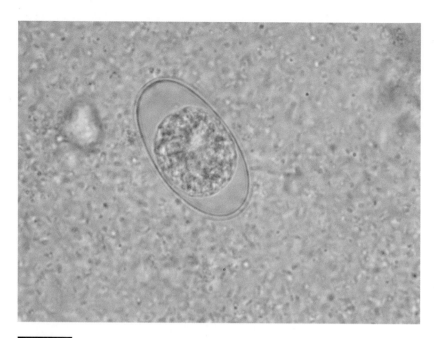

图 4-17

兔球虫（未染色，1000×5）

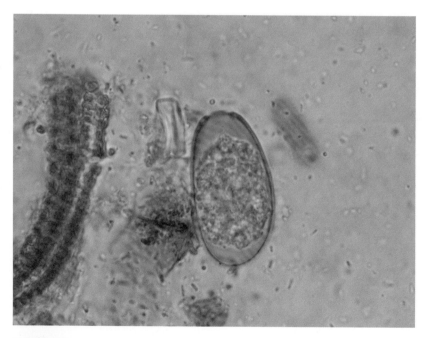

图 4-18

兔球虫（碘染色，1000×5）

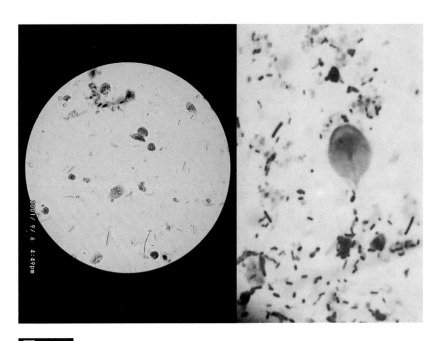

图 4-19

贾第虫（犬，碘染色，左图1000×，右图1000×5）

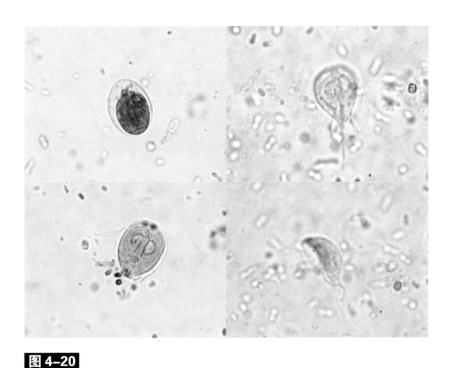

图 4-20

未染色的贾第虫和碘染色的贾第虫及其包囊（犬，1000×5）

（左上图为碘染色的贾第虫包囊，右下图为未染色的贾第虫侧面观）

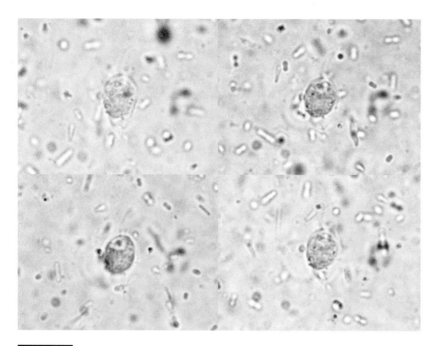

图 4-21

滴虫（犬，未染色，1000×5）

（滴虫的折光率与粪便样品的背景相似，镜检时常须通过活滴虫的运动来发现。样品如经碘染色致滴虫死亡，常较难检出）

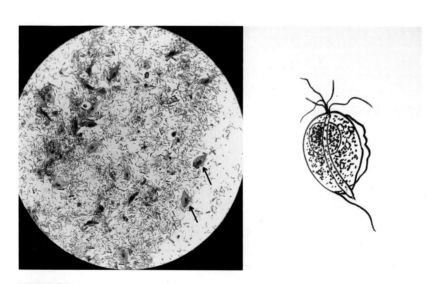

图 4-22

左图为粪便涂片中染色的毛滴虫（犬，瑞氏-吉姆萨染色，1000×）；右图为犬的五鞭毛滴虫模式图

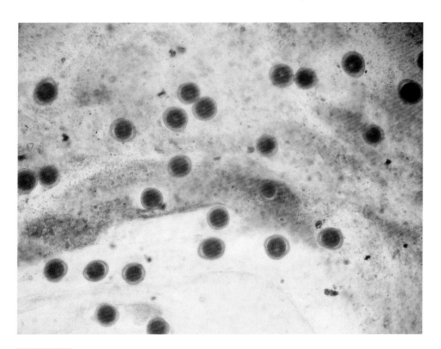

图 4-23

蛔虫卵（犬，未染色，100×）

（呈球形或椭球形，原无色，常被粪便内胆色素染为黄色至棕绿色）

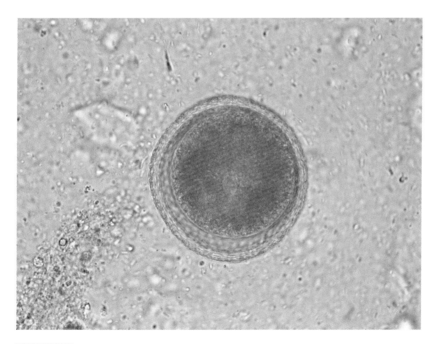

图 4-24

蛔虫卵（犬，400×5）

（卵壳厚，多层，外层粗糙，表面凹凸不平，卵壳内为球形细颗粒状的胚细胞，极少含有粗大颗粒）

图 4-25

犬肠道内的蛔虫虫体

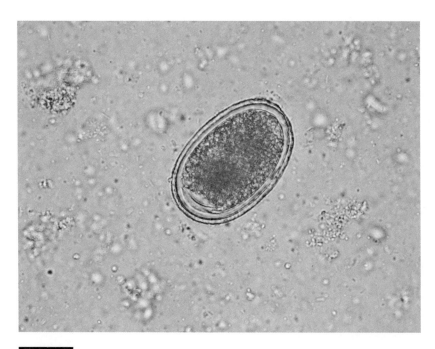

图 4-26

龟蛔虫卵（400×5）

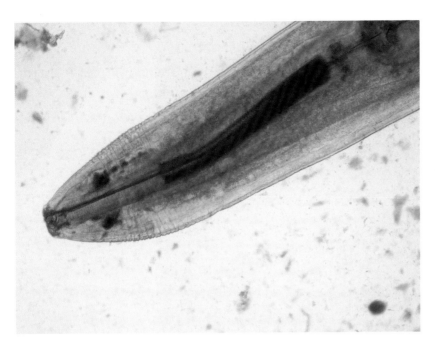

图 4-27
龟的蛔虫（40×5）

图 4-28
龟蛔虫虫体

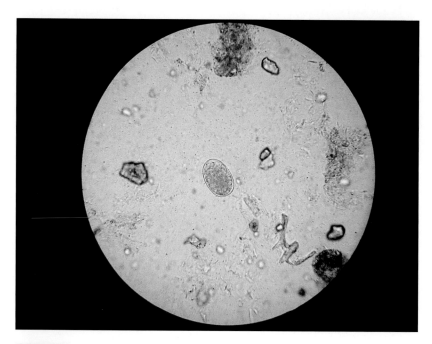

图 4-29
钩虫卵（犬，400×）

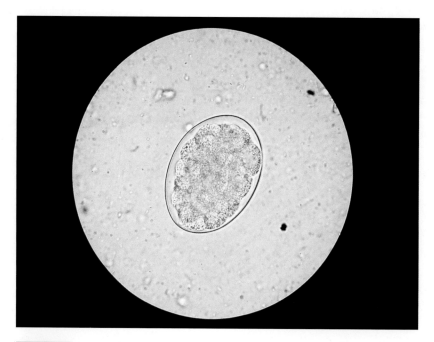

图 4-30
钩虫卵（犬，1000×）
（卵呈椭圆形，卵壳为明显的一层，极薄而透明，无色，内含多个卵胞，卵壳与卵胞间清澈透明）

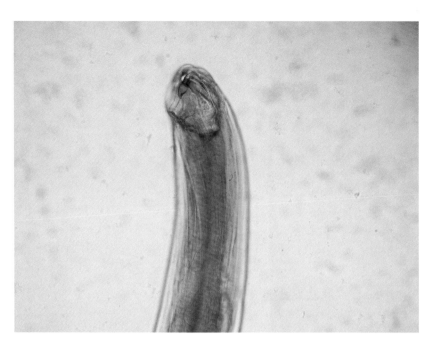

图 4-31

钩虫的头部及口器（400×5）

图 4-32

附着在犬肠壁上的钩虫虫体

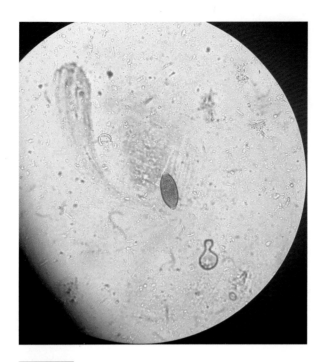

图 4-33
鞭虫卵〔犬，400×〕

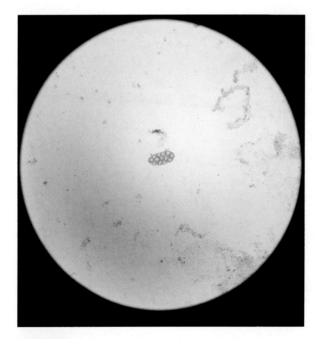

图 4-34
绦虫卵囊〔犬，复孔绦虫，100×〕

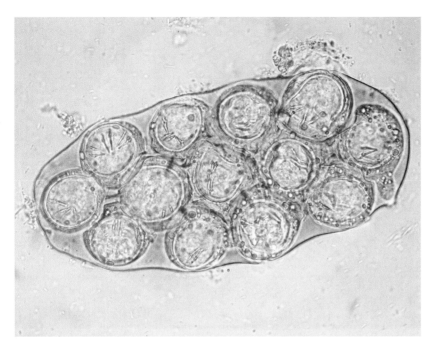

图 4–35

绦虫卵囊（犬，复孔绦虫，400×5）

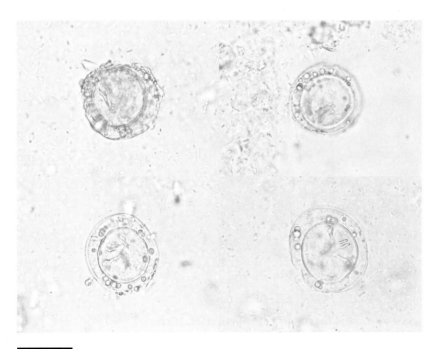

图 4–36

绦虫卵（犬，复孔绦虫，400×5）

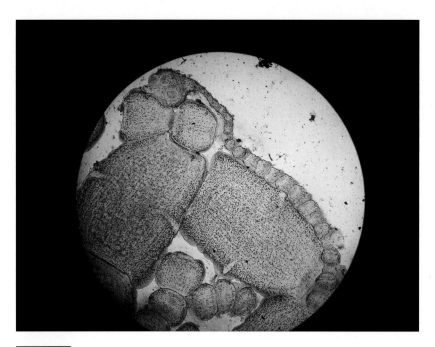

图 4-37

绦虫的头节及孕节（猫，40×）

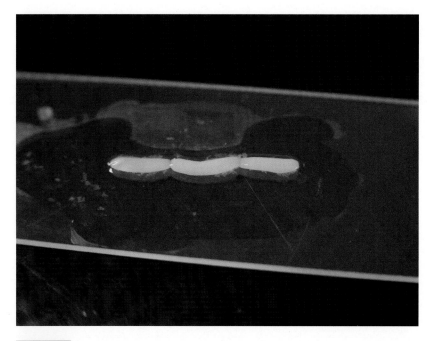

图 4-38

经肛门排出体外的绦虫孕节（猫）

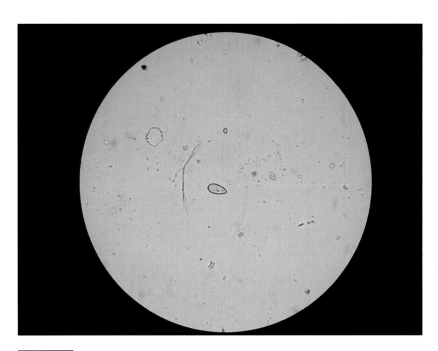

图 4-39
华枝睾吸虫卵（猫，400×）

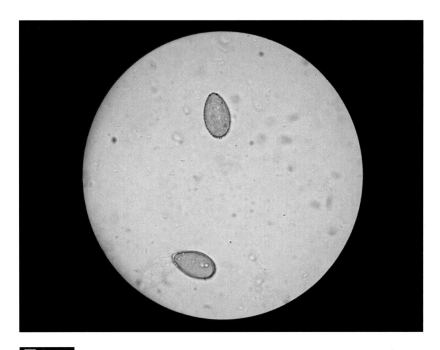

图 4-40
华枝睾吸虫卵（猫，1000×）

图 4-41

华枝睾吸虫的虫体

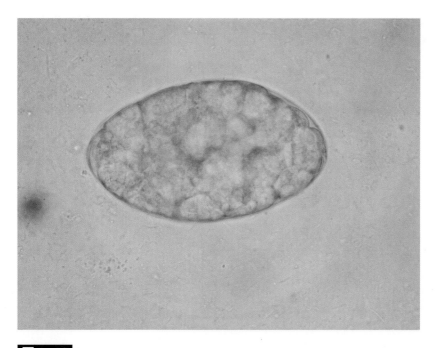

图 4-42

姜片吸虫卵（猫，1000×5）

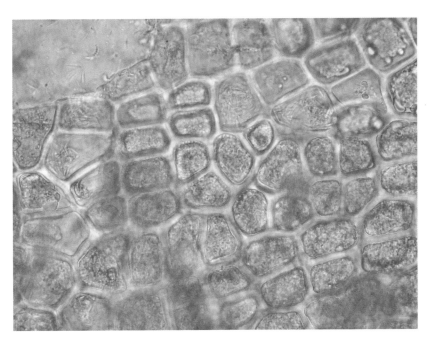

图 4-43

粪便中的植物木栓细胞（400×5）

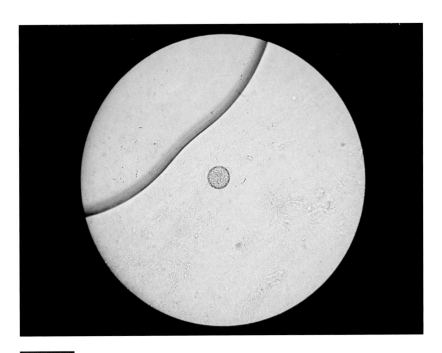

图 4-44

粪便中的花粉（400×）

（一般呈圆形，直径较常见的寄生虫卵小。注意与寄生虫卵鉴别）

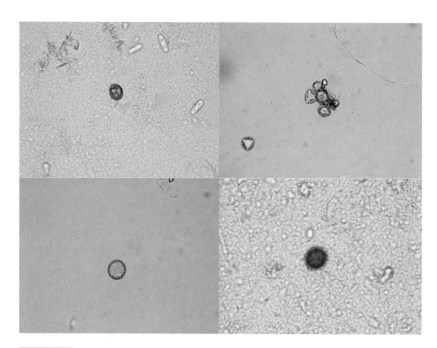

图 4-45
粪便中的各种花粉（400×）

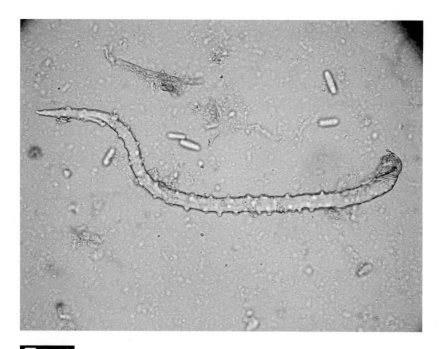

图 4-46
粪便中的植物纤毛（400×5）
（应注意与线形寄生虫相区别）

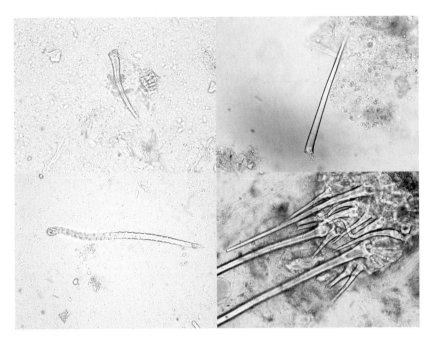

图 4-47

粪便中各种植物纤毛（400×）

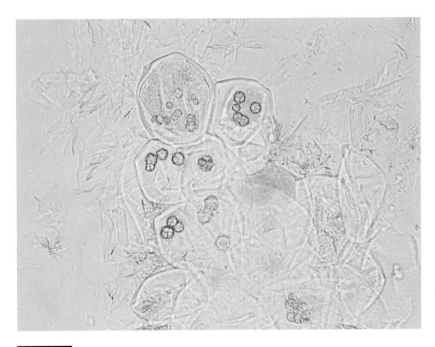

图 4-48

粪便中的植物细胞（400×5）

（内含草酸钙簇晶）

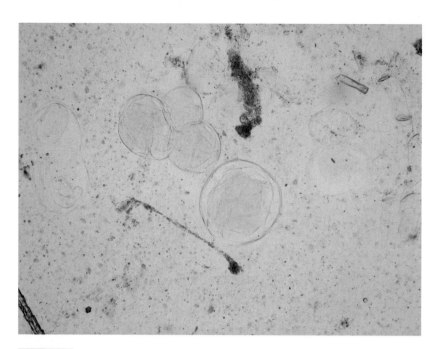

图 4-49

粪便中的植物细胞（40×5）

（黄色内容物主要成分为淀粉，经碘染色后变蓝紫色）

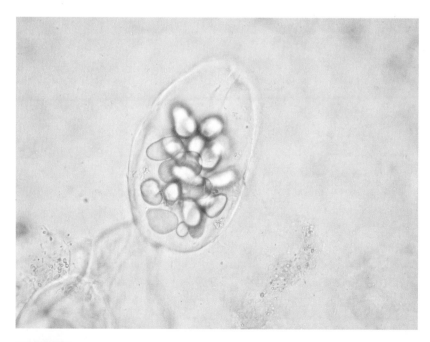

图 4-50

粪便中的植物细胞（400×5）

（内含物为淀粉。注意与吸虫卵鉴别）

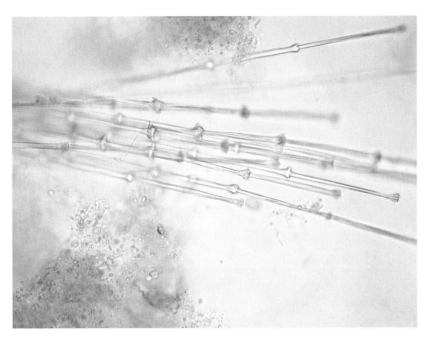

图 4-51

粪便中的植物细胞（400×5）

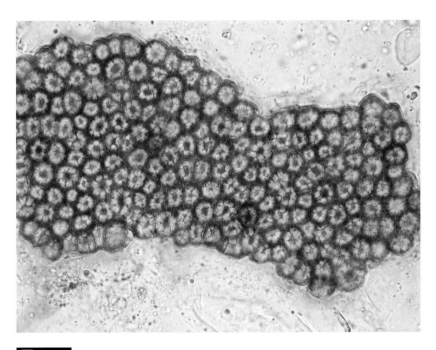

图 4-52

粪便中的植物细胞（100×5）

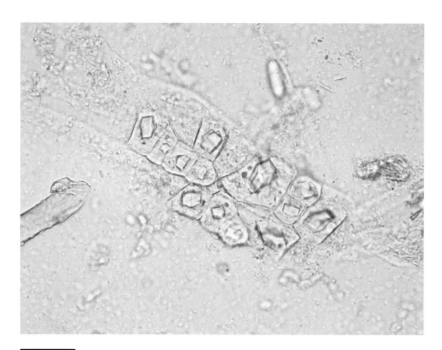

图 4-53

粪便中的植物纤维〔400×5〕

（内含草酸钙方晶）

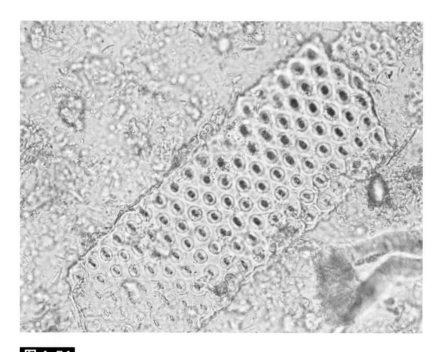

图 4-54

粪便中的植物细胞〔400×5〕

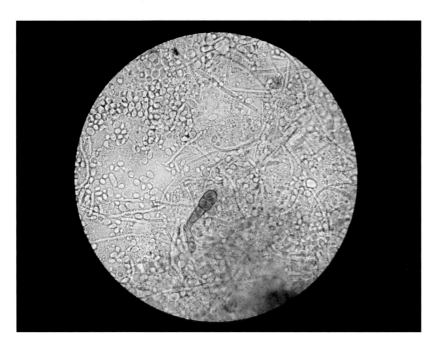

图 4-55

粪便中的真菌：毛霉（犬，棉蓝染色，1000×）

（肠道致病菌，引起腹泻。图中央偏下位置棕褐色者为一链格孢霉菌）

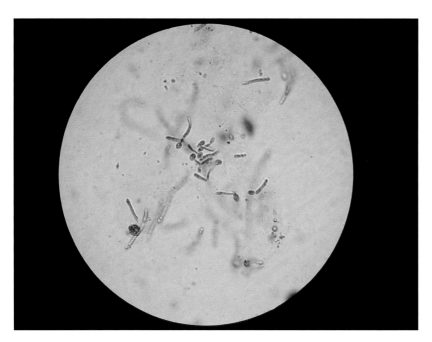

图 4-56

粪便真菌：白色念珠菌（犬，碘染色，1000×）

（肠道致病菌，引起腹泻、肠黏膜脱落等）

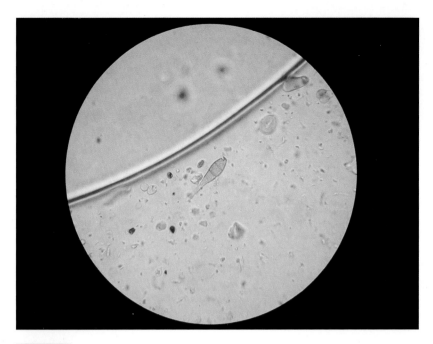

图 4-57
粪便中的真菌：链格孢霉（犬，未染色，1000×）

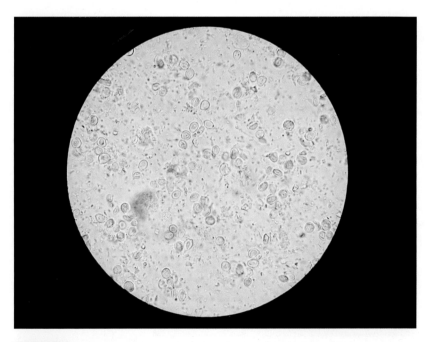

图 4-58
粪便中的真菌：酵母菌（犬，未染色，1000×）
（满视野卵圆形者为酵母菌，常见于动物服用酵母片等含酵母菌的微生态制剂后的粪便）

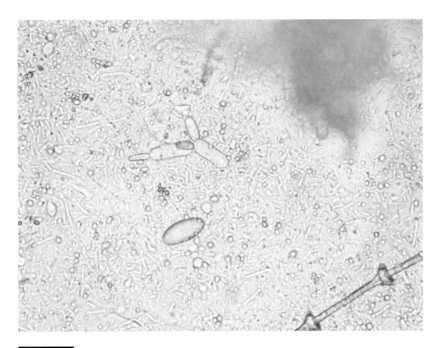

图 4–59
粪便中的真菌（犬，未染色，图中央偏左上，1000×5）

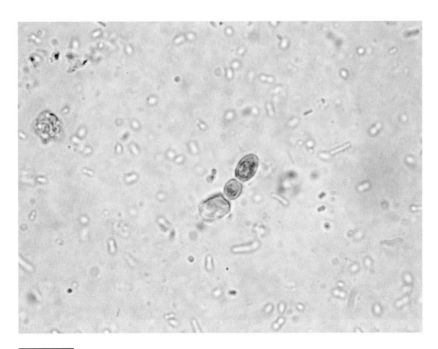

图 4–60
粪便中的真菌（犬，碘染色，1000×5）

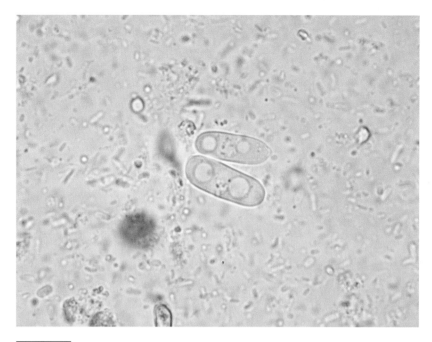

图 4-61
兔粪便中的真菌（未染色，1000×5）
（很多草食动物靠肠道共生菌消化植物，此类动物粪便内可能含较大量的正常真菌）

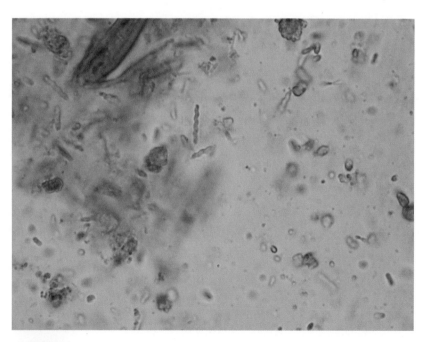

图 4-62
粪便中的细菌（犬，空肠弯杆菌，碘染色，1000×5）
（视野中央偏上处见2个钻头状菌体。遇碘前运动活跃，螺旋前进，在健康犬肠道少量存在；大量出现时可造成严重的腹泻）

第五章 🐾 皮肤镜检

宠物皮肤镜检的主要目标是体表寄生虫、毛发的生长状态及菌类等。

1. 体表寄生虫

① 蠕形螨：体长约0.1～0.4毫米，寄生于宿主毛囊和皮脂腺内，通过接触传染。发育过程有虫卵、幼虫、若虫、成虫四个阶段，完成一代生活史约需半个月时间。动物体表有少量蠕形螨存在时，可不造成临床症状。宠物临床蠕形螨感染者以犬为主。病犬常发生皮脂腺分泌过度、瘙痒、脱毛、皮肤肿胀发红等，伴有细菌感染时，动物身体有特殊臭味。

② 疥螨：雌螨体长约0.3～0.4毫米，雄螨平均体长0.19～0.23毫米。疥螨在宿主皮下挖掘隧道，虫体呈宽卵圆形，半透明，白色，体表覆以细刺毛，足较短。引起剧烈瘙痒，感染局部脱毛、红斑、丘疹、皮肤增厚、结痂等，常继发细菌感染。接触传染。可感染犬、猫、兔、猪等宠物。

③ 痒螨：体长0.5～0.8毫米，寄生于宿主皮肤表面，虫体总体上呈椭圆形，足较疥螨长。宠物临床最常见猫的耳痒螨感染。感染耳痒螨的猫耳内常有大量棕黑色分泌物，时间稍长，分泌物可干结成块，堵塞耳道。检查时可用棉签取出耳内分泌物涂片镜检。

④ 姬螯螨：体长约0.3～0.4毫米，寄生于宿主的表皮角质层，并不在皮下挖掘隧道，但在皮屑形成的假隧道内移行，可将螯针刺入宿主表皮，吸取宿主体液，眼观饱食后的虫体近似动物表皮的碎屑。姬螯螨与痒螨均寄生于动物皮肤表面，在皮肤表面的进食行为常会引起轻度非化脓性的炎症，通常使动物在感染初期表现为局部过多的干性皮屑，不痒或有轻度瘙痒，但随着病情发展，皮屑会遍布全身，脱毛和瘙痒逐渐加重。猫因有梳理毛发的习性，使病情进展较缓慢，早期症状很难被发现，有时可在猫的粪便中发现被舔舐摄入的螨虫虫体和虫卵。

⑤ 蜱：未吸血时，身体扁平，棕褐色，形似蜘蛛；叮咬动物吸血后身体膨胀，颜色变浅，状似芸豆。可传播绦虫、巴贝斯虫等其他寄生虫。

⑥ 蚤：平均体长约2毫米，寄生于动物体表，眼观呈棕红至棕黑色。行动迅速，较难捕捉，皮肤上难以见到虫体，但常可见毛发深处及皮表有其黑色小点状排泄物。跳蚤可传播绦虫等其他寄生虫。在跳蚤引起的动物过敏性皮炎病例中，仅有不到50%的病例能在体表发现跳蚤活动的证据，因此在检查过程中容易被忽视。

⑦ 虱：寄生于动物体表。行动较缓慢。眼观呈白色至米黄色。可传播绦虫等其他寄生

虫。在宠物临床，主要见犬、鼠等感染虱病。

2. 毛发的生长状态

毛发由毛干和毛根两部分组成。毛干伸出皮肤外，毛根埋于皮肤内。毛根基部增大呈球状，称为毛球。

正常的毛发结构有三层，从外至内依次为毛小皮、毛皮质、毛髓质。毛小皮由一层高度角化的薄而透明、无核、无色素的扁平鳞状上皮细胞组成，与毛干的长轴方向垂直。毛皮质位于毛干中层，即毛小皮与毛髓质之间，由细微而长的梭形、纤维状角化上皮细胞组成，皮质细胞沿毛发的纵轴排列，故损伤的毛发易于纵行分裂（动物毛发的色素多在皮质的中心部）。毛髓质位于毛干的中心部位，形成毛干中轴，由退化且形状不一的上皮细胞细胞残渣组成；细胞已萎缩，细胞核退化，常有核的残余，细胞质内含有色素颗粒，萎缩的细胞排列松弛，其间由气室，含有空气，细胞残渣为 β- 角蛋白。

大多数品种动物的毛发都是直的，但部分品种的犬、猫会有轻微卷曲。

生长期的毛发有较大的活性毛球，其非角化增生组织与周围的皮肤紧密相连。有活性的毛球直径往往大于毛干，表面光滑、潮湿而稍黏，容易弯曲。退行期与静止期的毛发停止生长，毛干的下部常缺乏色素，其毛球大部分角质化，显得干燥，直径与毛干相当，形成子叶状，边缘略粗糙；毛发附着松散而容易脱落，此时毛干的下部可能覆盖有脱落的表皮细胞，镜检时当注意与皮肤真菌孢子鉴别。

在春、秋两季，犬和猫通常会褪去旧毛、长出新毛。但如动物长期处于人工照明环境，由自然界昼夜时长变化调控的换毛过程受到干扰，则其换毛过程常无明显季节性。多数情况下，拔毛镜检时所见到的多为大量静止期毛发加少量生长期毛发。毛发镜检时，如所取样品均显示为静止期毛发，常提示存在内分泌或代谢紊乱。但某些极地品种的动物，其毛发一般处于静止期；而某些被频繁美容的动物，其毛发主要以生长期为主，该类动物接受化疗时有较显著的脱毛现象。

毛囊管型指毛干近端周围紧密附着的角质碎屑，它们与毛囊角化过度有关，可见于蠕形螨病、皮肤真菌病、内分泌皮肤病、毛囊发育不良、皮脂腺炎和原发性角质化缺陷。

3. 菌类

刮取皮样后染色镜检，油镜观察。检查有无细菌及真菌感染。正常时，动物体表会有细菌附着，偶尔也可见真菌。但皮肤内细菌和真菌量过大时，在造成脱毛、皮屑、红肿、瘙痒等皮肤病症状。

镜检细菌，尤其在玻片上的涂样较厚时，应不断微调显微镜的焦距。有时，焦距调节至某一平面时，可突然见到大量细菌。

在真菌方面，动物耳道内常见马拉色菌，体表其他部位常见犬小孢子菌、石膏样小孢子菌等真菌感染，部分真菌在毛发内生长。

各种皮肤镜检图谱参见图5-1～图5-55。

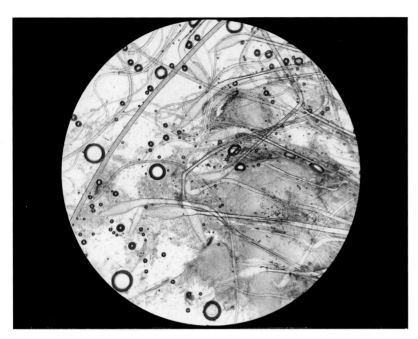

图 5-1
静止期毛发（犬，KOH透明化，100×）

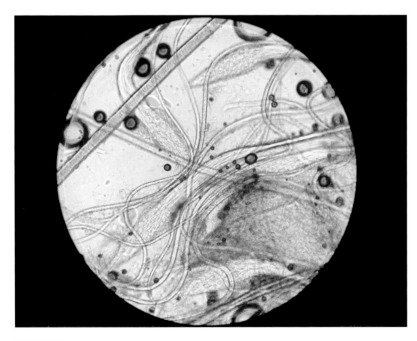

图 5-2
静止期毛发1（犬，KOH透明化，400×5）

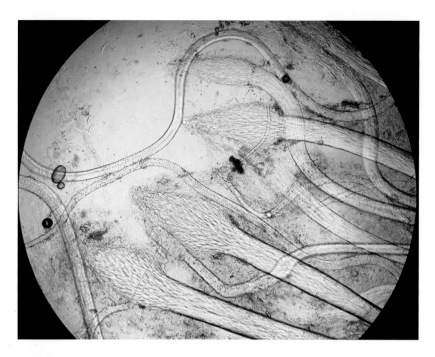

图 5-3

静止期毛发（犬，KOH透明化，400×）

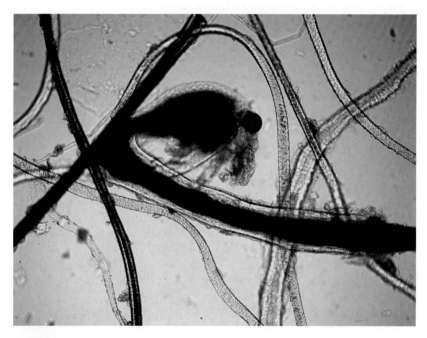

图 5-4

生长期毛发（犬，KOH透明化，400×）

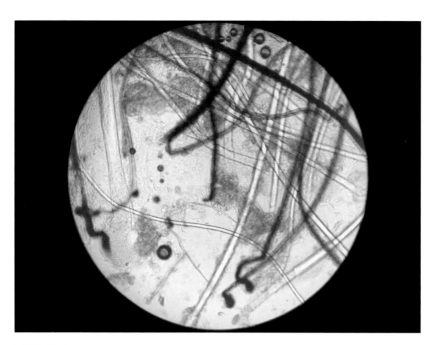

图 5-5
生长期毛发〔犬，KOH透明化，100×〕

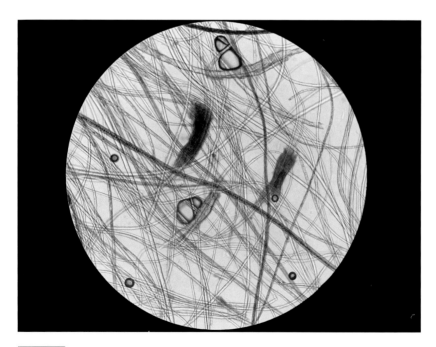

图 5-6
毛囊管型〔犬，KOH透明化，100×〕

图 5-7

毛发的色素颗粒（犬，瑞氏-吉姆萨染色，1000×）

（注意，毛发色素颗粒形态如短棒状杆菌，但染色时不像菌类一样着色，仍保持棕褐本色）

图 5-8

犬全身皮肤感染（真菌、细菌混合感染）

图5-9
犬皮肤感染后破溃渗出（葡萄球菌感染）

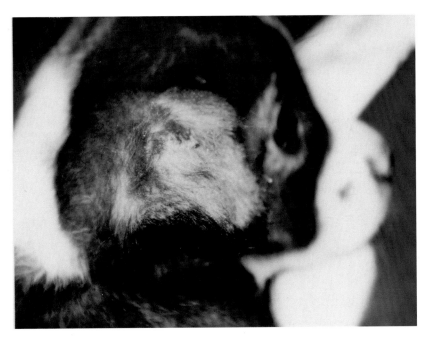

图5-10
犬耳背皮肤脱毛（真菌感染）

图 5-11
猫耳道内真菌感染（马拉色菌感染）

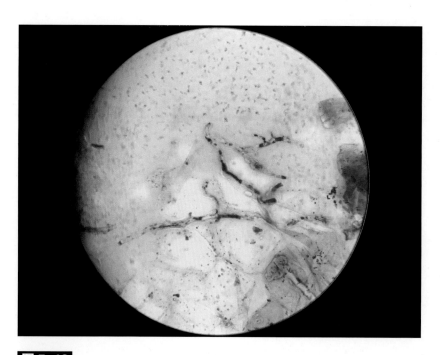

图 5-12
皮肤的真菌菌丝（犬，胶带粘贴取样，瑞氏-吉姆萨染色，1000×）
（图片中部如树枝、条索状者为菌丝）

126 宠物临床显微检验及图谱（第二版）

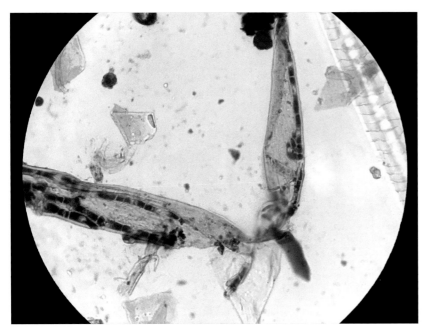

图 5-13
皮肤真菌菌丝（犬，瑞氏-吉姆萨染色，1000×5）

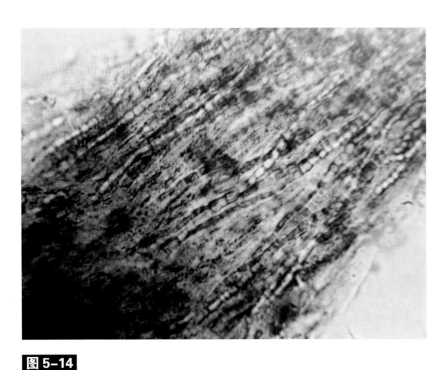

图 5-14
皮肤真菌：毛内生长的石膏样小孢子菌（犬，未染色，1000×5）
（侵犯皮肤表层和毛发，造成毛囊坏死、脱毛、皮屑、局部炎症反应）

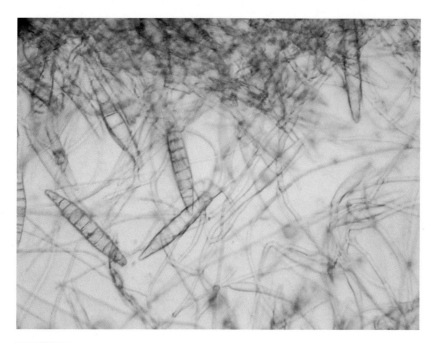

图 5-15

皮肤真菌：犬小孢子菌的菌丝和孢子〔犬，未染色，1000×5〕

（侵犯皮肤表层和毛发，造成毛囊坏死、脱毛、皮屑，引起的局部炎症反应常较明显）

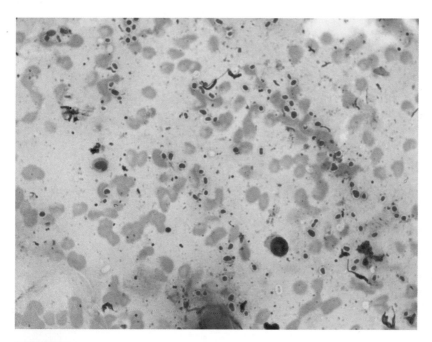

图 5-16

小孢子菌〔犬，瑞氏-吉姆萨染色，400×〕

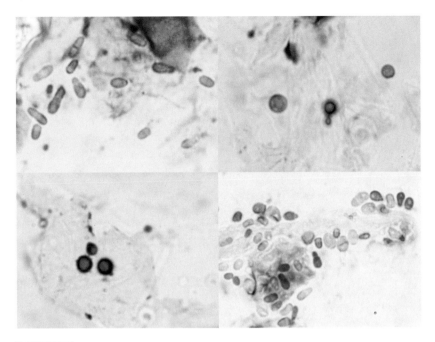

图 5-17
皮肤真菌——马拉色菌（犬耳道，瑞氏染色，1000×5）
（在皮脂腺丰富处生长，如耳道、肛周、腹股沟、趾缝等，引起皮炎）

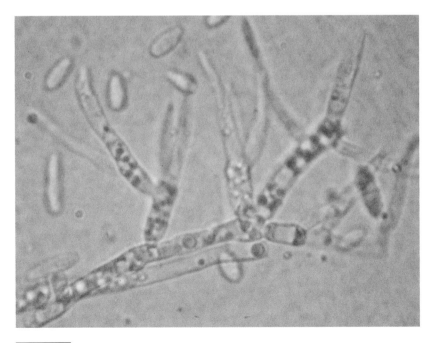

图 5-18
皮肤真菌——断发癣菌（犬，未染色，1000×5）
（造成近毛根处的毛干穿孔、毛发折断）

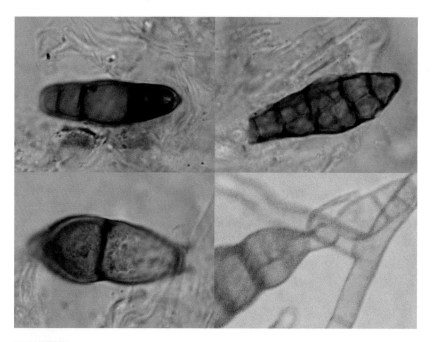

图 5-19

皮肤真菌——链格孢霉（犬，未染色，1000×5）

（在免疫抑制的动物或幼年动物，易引起皮肤感染）

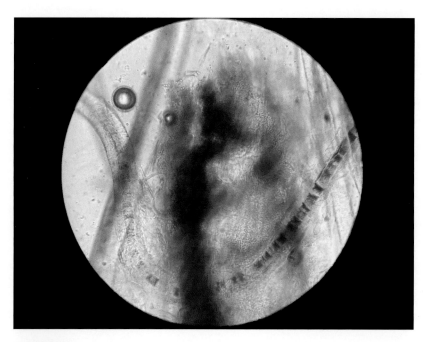

图 5-20

毛发中的真菌孢子（犬，KOH透明化，400×）

（图片中部大量的颗粒、波浪样物为聚积的真菌孢子）

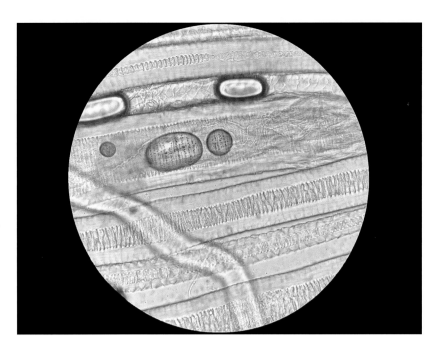

图 5-21

毛发中的真菌菌丝（犬，KOH透明化，1000×）

（图片中上部内含一椭圆、两正圆灰色气泡的毛发内含有较大量真菌菌丝）

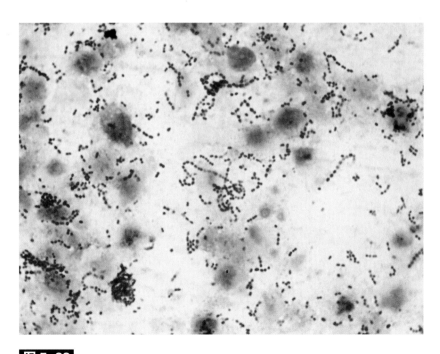

图 5-22

皮肤化脓创内的链球菌（犬，瑞氏染色，1000×5）

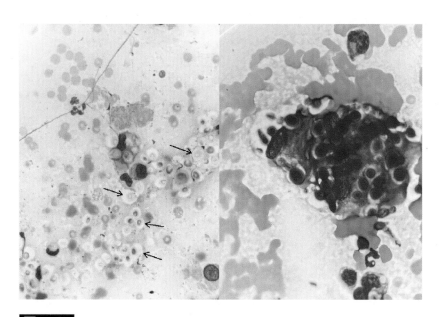

图 5-23

猫隐球菌感染（瑞氏-吉姆萨染色，左图400×，右图1000×）

（隐球菌大小较红细胞稍大，着色常深浅不一。隐球菌感染常与肉芽肿性炎相关）

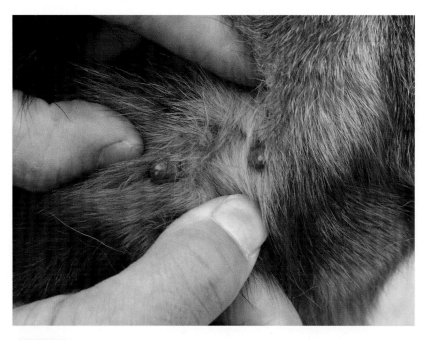

图 5-24

犬体表的蜱

图 5-25

吸血后鼓胀的蜱

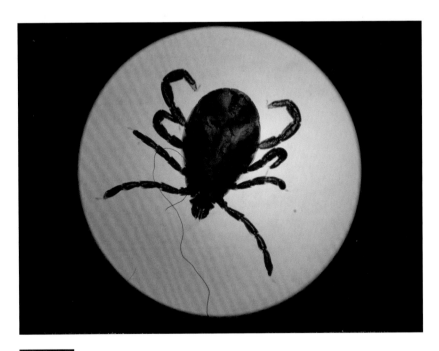

图 5-26

未吸血的蜱（犬，40×）

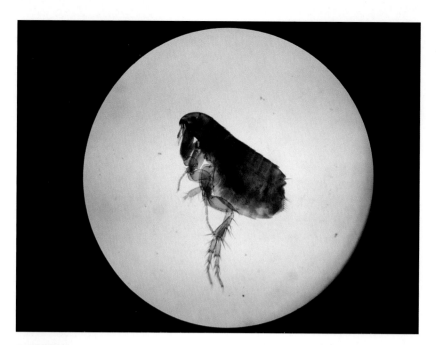

图 5-27
蚤（猫，40×）

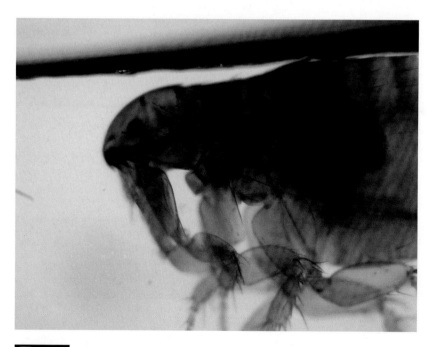

图 5-28
蚤（猫，40×5）

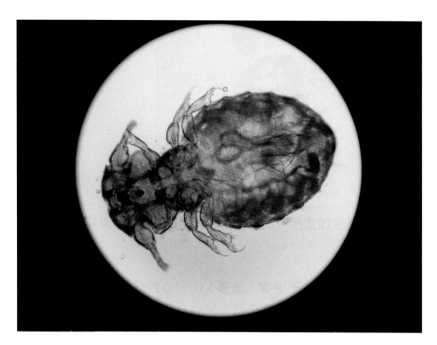

图 5-29
虱（犬，40×）

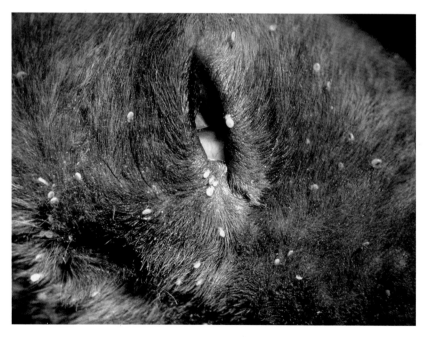

图 5-30
犬濒死时虱大量离去
（虱寄生过多时常可造成幼年动物贫血）

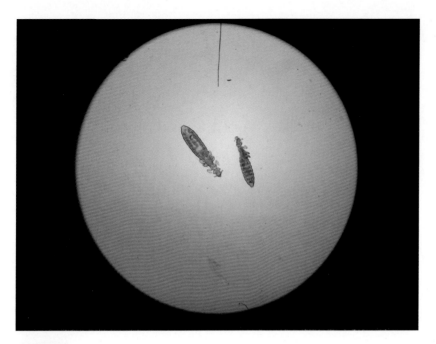

图 5-31

鼠类的虱（豚鼠，40×）

（体形较犬的虱细小很多，肉眼观察很容易误认为皮屑。寄生过多时，可造成鼠中毒死亡）

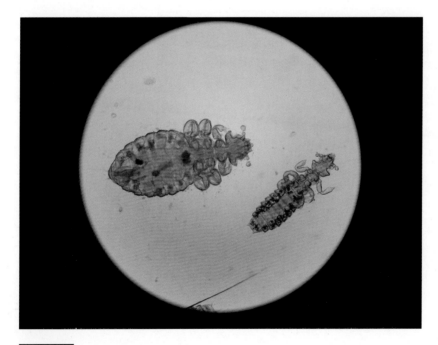

图 5-32

鼠类的虱（豚鼠，100×）

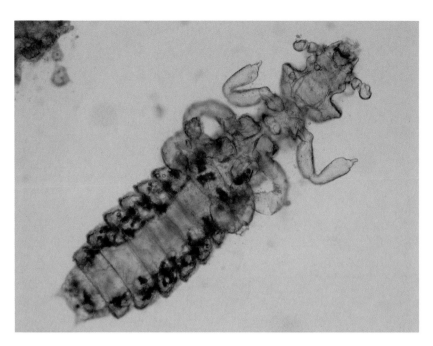

图 5-33
鼠类的虱（一）（豚鼠，100×5）

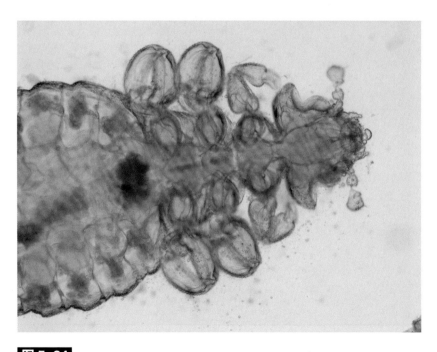

图 5-34
鼠类的虱（二）（豚鼠，100×5）

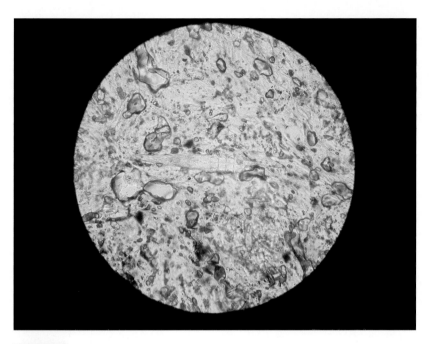

图 5-35

蠕形螨（犬，未经透明化处理，视野中央，400×）

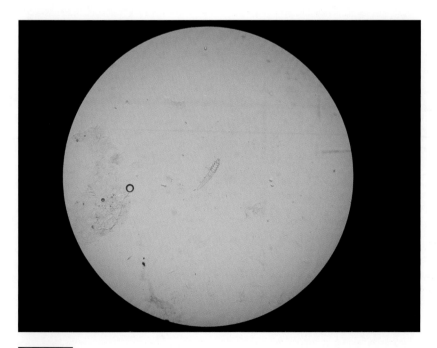

图 5-36

蠕形螨（犬，油法透明化，视野中央，100×）

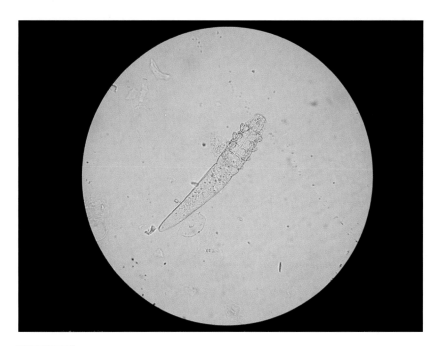

图 5-37
蠕形螨（犬，油法透明化，400×）

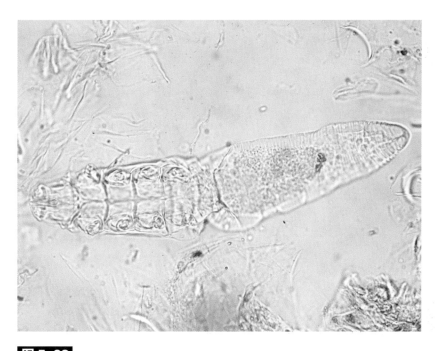

图 5-38
蠕形螨（犬，油法透明化，400×5）

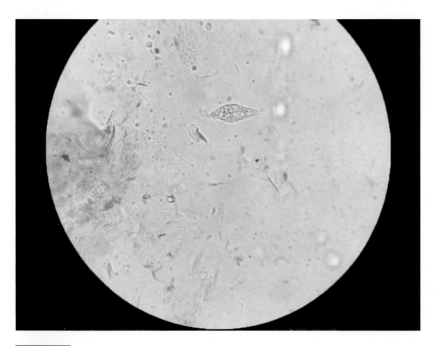

图 5-39

蠕形螨卵（犬，油法透明化，视野中央，400×）

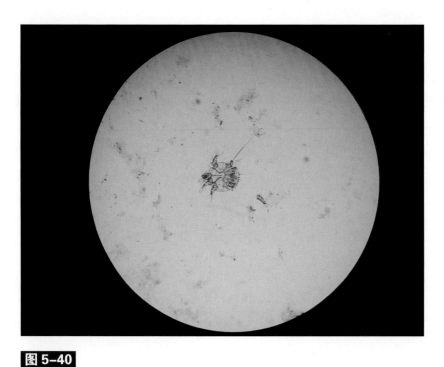

图 5-40

疥螨（犬，油法透明化，100×）

（虫体呈宽卵圆形，半透明，白色，体表覆以细刺毛，足较短）

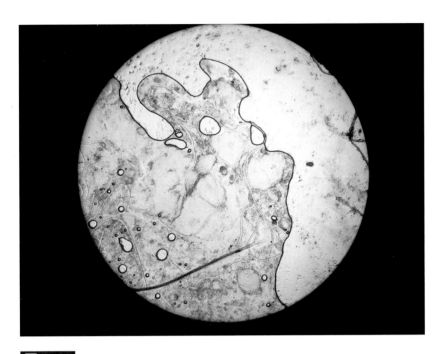

图 5-41

疥螨（犬，KOH法透明化，100×）

（本视野中共有 5 只疥螨及 2 个疥螨卵）

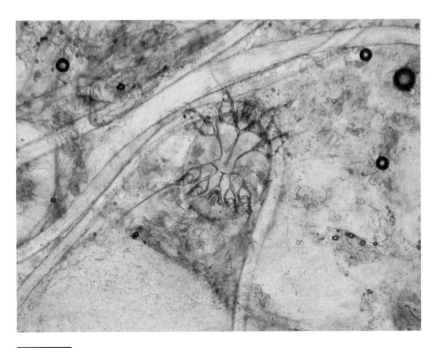

图 5-42

疥螨（犬，KOH法透明化，100×5）

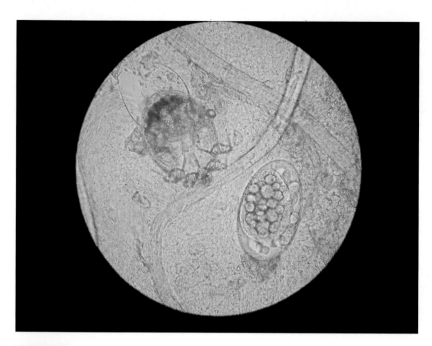

图 5-43

疥螨和疥螨的卵（犬，油法透明化，400×）

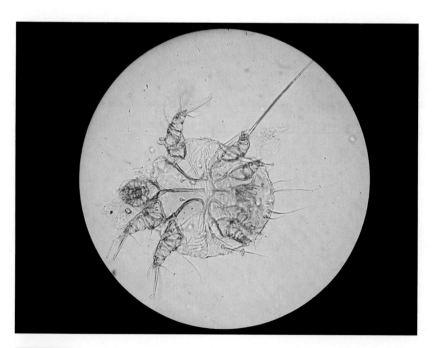

图 5-44

疥螨（犬，油法透明化，400×）

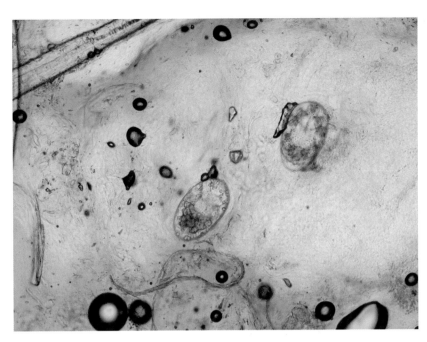

图 5-45
2个疥螨的卵（犬，油法透明化，400×）

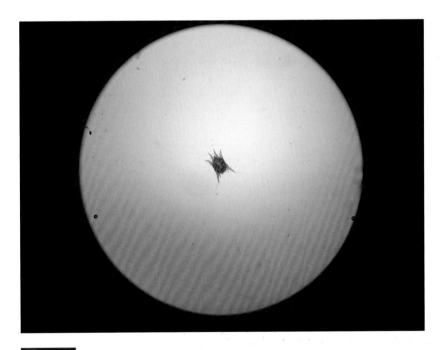

图 5-46
耳痒螨（猫，未透明化，40×）

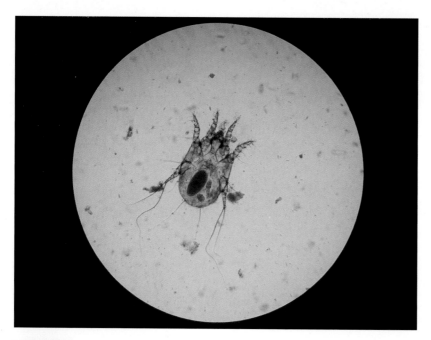

图 5-47

耳痒螨（猫，油法透明化，100×）

（寄生于动物皮肤表面，虫体总体上呈椭圆形，足较疥螨长）

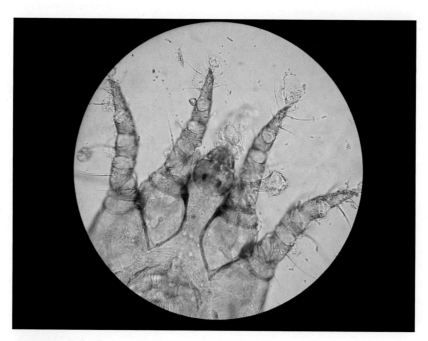

图 5-48

耳痒螨头部（猫，油法透明化，400×）

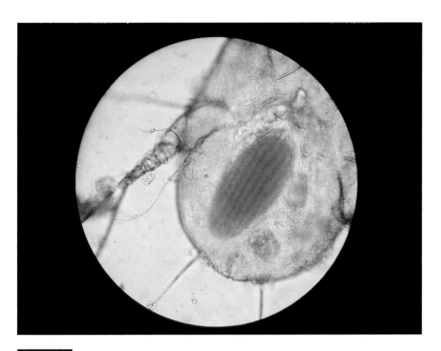

图 5-49

耳痒螨腹部（猫，油法透明化，400×）

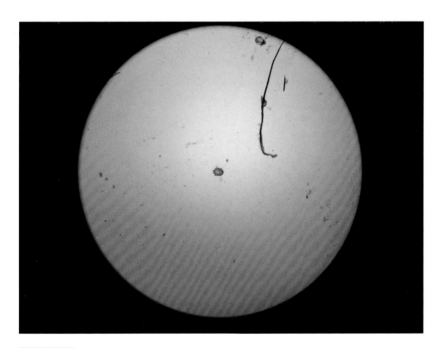

图 5-50

犬痒螨（未透明化，40×）

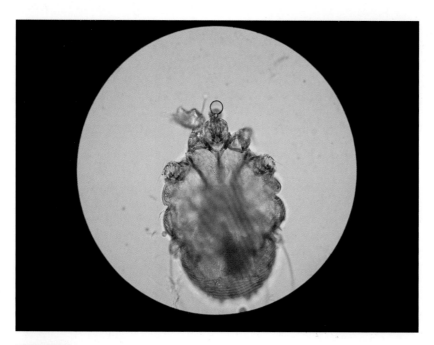

图 5-51

犬痒螨（油法透明化，400×）

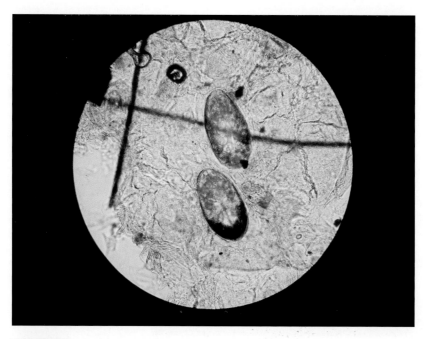

图 5-52

2个犬痒螨卵（油法透明化，400×）

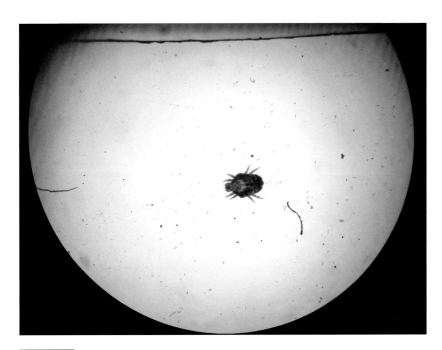

图 5-53

姬螯螨（犬，胶带粘贴法，100×）

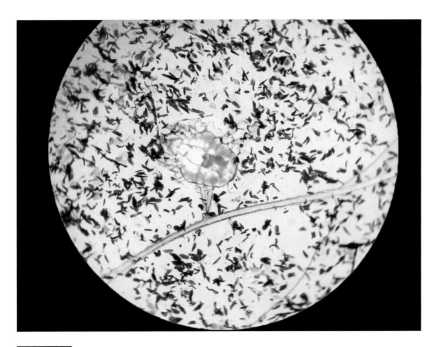

图 5-54

姬螯螨（犬，Diff-quick染色，姬螯螨未着色，400×）

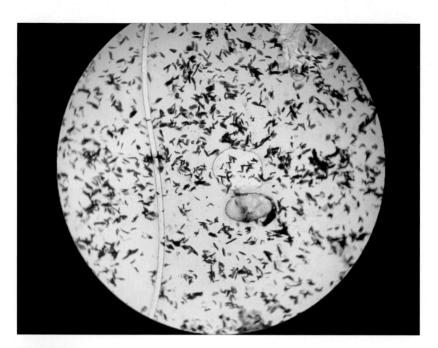

图 5-55

姬螯螨卵（犬，Diff-quick染色，400×）

（图中染为蓝色的椭圆形结构是姬螯螨的卵）

第六章 🐾 脱落细胞镜检

脱落细胞镜检，主要检验来自浆膜腔渗出物、皮肤、阴道等处的细胞，主要用来鉴别正常细胞、炎性细胞及肿瘤细胞等。

1. 炎性细胞

炎症是机体对于刺激的一种防御反应，既可以是微生物感染引起的感染性炎症，也可以是非感染性炎症。机体炎症反应的发生、发展，离不开炎症细胞的参与，其中白细胞参与是炎症反应最重要的特征。在渗出液中，含有各种炎症细胞，如淋巴细胞、浆细胞、粒细胞（嗜酸性、嗜碱性、中性）和单核细胞等；另外，也包括巨噬细胞、肥大细胞和内皮细胞等"组织固有细胞"。

（1）中性粒细胞　在炎症反应中，中性粒细胞可发生退行性病变或非退行性病变，变化与外周血中相同。退行性病变包括细胞肿大、结构模糊、边缘不清晰、核肿胀，甚至胞膜破裂、胞质消失，只剩胞膜，形成裸核。非退行性变化包括核分叶过度、核固缩等。细胞形态判读可参考血涂片。

在涂片中，当中性粒细胞数占白细胞总数超过80%时称为化脓性炎症。诱发化脓性炎症的常见原因是细菌感染，但诸如肿瘤坏死区或免疫介导性病变也能继发化脓性炎症。

（2）嗜酸性粒细胞　在涂片中，当嗜酸性粒细胞数占白细胞总数超过10%时称为嗜酸性炎症。

嗜酸性炎症常与寄生虫感染、过敏反应或超敏反应、肥大细胞瘤(肥大细胞产生嗜酸性趋化因子)、真菌感染或异物反应有关。细胞形态判读可参考血涂片。

（3）巨噬细胞　巨噬细胞是活化的单核细胞，是大的、圆形到卵圆形的细胞，具有大的卵圆形到豆形的偏心核；细胞质丰富，通常是淡蓝色-灰色，有许多空泡，或含有吞噬的微生物、细胞碎片。巨噬细胞可以分化为多核巨细胞和上皮样细胞。多核巨细胞是一种特殊形式的活化巨噬细胞，较细胞学上其他类型的细胞大得多，有多个细胞核，这些核通常是偏心的，排列在细胞一个极点的边缘。

在涂片中，当巨噬细胞数占白细胞总数超过20%时，且其余白细胞大多数为中性粒细胞时，称为化脓性肉芽肿性炎症。当巨噬细胞数占白细胞总数超过50%时称为肉芽肿性炎症。它们通常与分枝杆菌、丝状细菌和深部真菌感染有关。多核巨细胞高度提示异物反应（如疫苗反应和毛囊囊肿等）和真菌感染。

（4）淋巴细胞　淋巴细胞形态小而圆，细胞核致密、深染，几乎占据整个细胞，只留下薄薄的一圈均匀的浅蓝色细胞质。

（5）浆细胞　浆细胞是终末分化的B淋巴细胞，是小的卵圆形细胞，细胞质呈深蓝色，细胞核通常位于细胞一侧，细胞核附近常有一个狭窄的浅染带即是高尔基体，又称为光晕。在炎性皮肤病中，尤其是慢性病变均可见少量淋巴细胞和浆细胞。淋巴性/浆细胞性炎症常见的病因有某些注射反应、昆虫叮咬、猫口炎、猫齿龈炎等。

2. 组织细胞

组织细胞主要关注的是细胞的形态、分布以及细胞间的联系，是否有恶性特征。通常分为三大类。

（1）上皮细胞　上皮源性的细胞常脱落量大，成簇分布，连接紧密，并且具有清晰的细胞边界。细胞形态为圆形或多角形。上皮类肿物分化良好的称为瘤，如皮脂腺瘤、乳头状瘤、基底细胞瘤、肛周腺瘤等；分化较差的称为癌，如皮脂腺癌、肛周腺癌、鳞状上皮细胞癌等。

（2）间质细胞　间质细胞通常脱落量小，成簇分布或散在分布，细胞间连接不紧密，细胞边界不清晰，细胞形态通常呈纺锤形、梭形或星形。间质类肿物分化良好的称为瘤，如脂肪瘤、纤维瘤等；分化较差的称为癌，如脂肪肉瘤、纤维肉瘤、血管肉瘤等；还有一些间质来源的细胞是圆形的，如骨肉瘤。

（3）圆形细胞　圆形细胞通常脱落量大，离散分布或单个散在分布。但临床上可以把常见的圆形细胞肿瘤分开考虑，包括肥大细胞瘤、淋巴瘤、浆细胞瘤、组织细胞瘤及传染性性病肿瘤等。

值得注意的是，细胞学并不能完全准确地将细胞归类到这些细胞类型中，且细胞学不能取代组织病理学的评估作用，但二者结合可以更准确地评估细胞的类型和起源，更有利于疾病的诊断。

3. 恶性细胞

恶性细胞的一般特征包括：

（1）细胞总体形态的改变　一般恶性肿瘤细胞大小形态不一，但通常比它的源细胞体积要大；核质比显著高于正常细胞，可达1：1；失去原来正常细胞的形状，呈不规则形。

（2）细胞质的改变　细胞质的量可增多，但与核增大程度比起来其细胞质的量相对减少，有些肿瘤细胞质的量极少；细胞质分布不均匀；细胞质着色改变，分化差、活跃的肿瘤细胞细胞质嗜蓝，高分化肿瘤或蜕变癌细胞质呈粉红色，亦有多彩的细胞质；细胞质中出现特异性颗粒；细胞质中空泡形成。

（3）细胞核的改变　细胞核体积一般明显增大，核仁明显；细胞核数量可能增多；细胞核形态畸形，核边缘不规则；核染色质增多增粗、呈块状或深染，染色质分布不均匀，排列紊乱；可能见到核分裂象；出现贴边核等核位置改变；多核时其拥挤重叠现象明显；核出现退变，可能见到恶性裸核。

各种脱落细胞镜检图谱参见图6-1～图6-40。

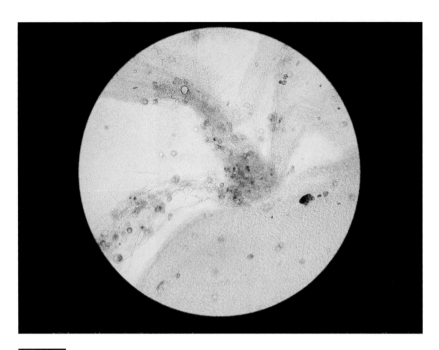

图 6-1

腹水镜检（猫，碘染色，400×）

（炎性渗出导致的腹水，色黄质黏稠，内含大量红、白细胞和蛋白成分，本图为猫传染性腹膜炎病例的腹水，未经离心）

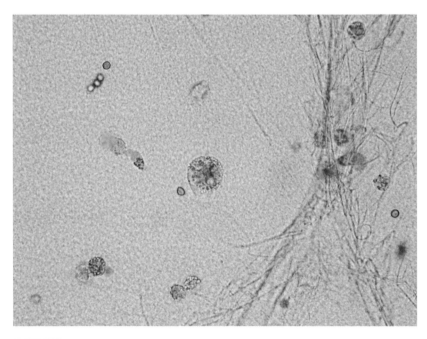

图 6-2

腹水中的红、白细胞和黏液丝（猫传染性腹膜炎病例，未离心，碘染色，1000×5）

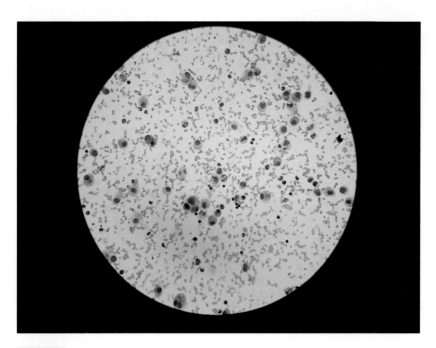

图 6-3

腹水涂片镜检（犬，瑞氏染色，400×）

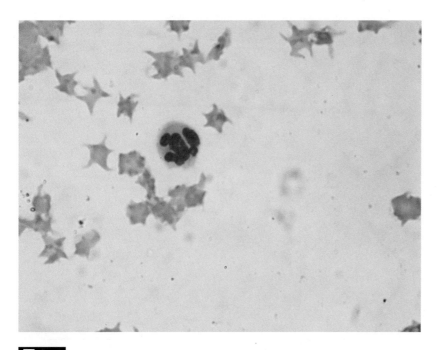

图 6-4

腹水中的中性分叶核粒细胞（犬，瑞氏染色，1000×5）

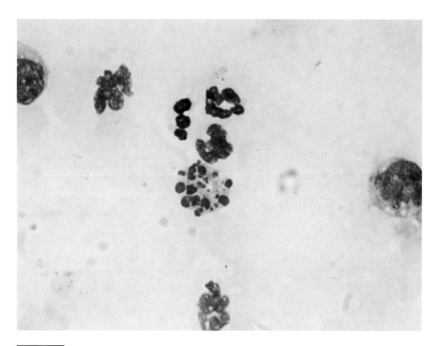

图 6-5

腹水中的中性分叶核粒细胞（犬，瑞氏染色，1000×5）

（视野中央 4 个中性分叶核粒细胞中的 2 个核已固缩，细胞接近崩解）

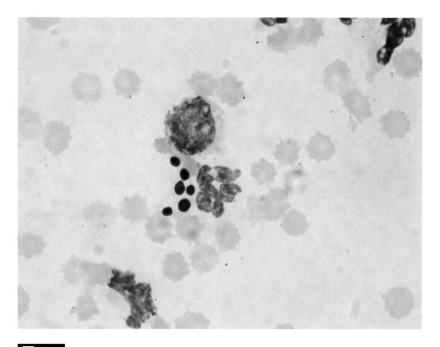

图 6-6

腹水中已崩解的中性分叶核粒细胞的残核（犬，瑞氏染色，1000×5）

（视野中央的 6 个椭球形蓝紫色小颗粒即为粒细胞的残核）

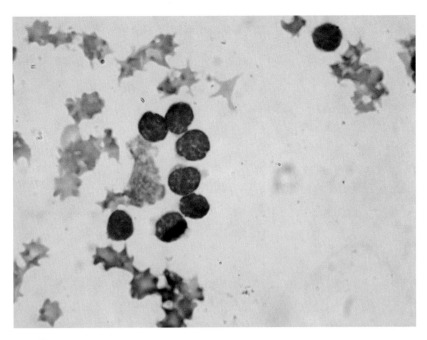

图 6-7

腹水中的淋巴细胞（犬，瑞氏染色，1000×5）

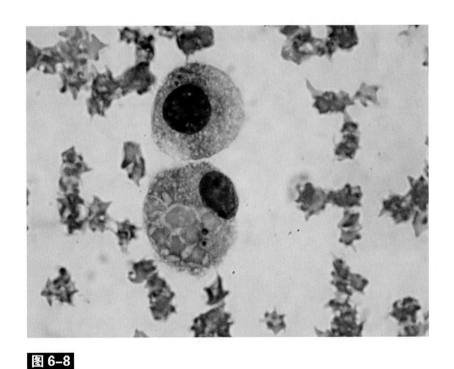

图 6-8

腹水中的2个巨噬细胞和皱缩的红细胞（犬，瑞氏染色，1000×5）

（下方的巨噬细胞吞噬了多个红细胞）

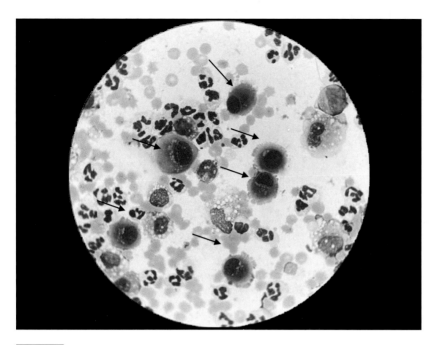

图 6-9

腹水中的间皮细胞（犬，瑞氏-吉姆萨染色，1000×）

[图中有 6 个间皮细胞（箭头所示），5 个巨噬细胞和多量中性粒细胞]

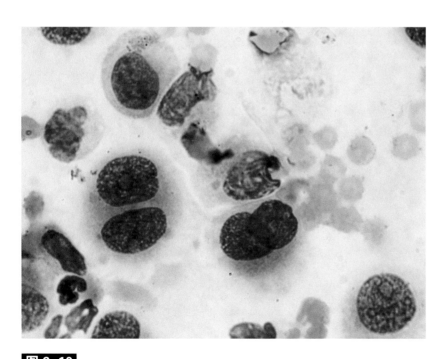

图 6-10

腹水中的恶变细胞（犬，瑞氏染色，1000×5）

（恶变细胞的核体积明显增大，细胞核数量增多，核仁明显）

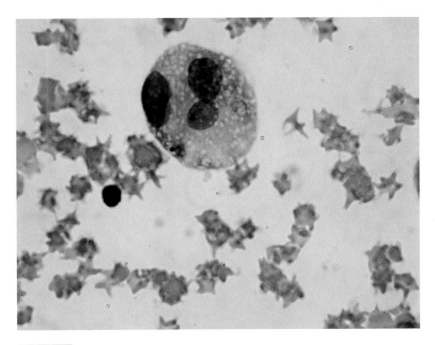

图 6-11
腹水中的恶变细胞〔犬，瑞氏染色，1000×5〕
〔恶变细胞的核体积明显增大，细胞核数量增多，胞浆形成大量空泡〕

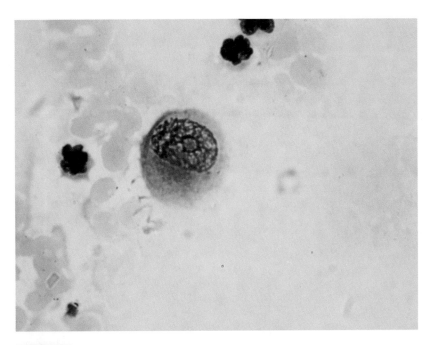

图 6-12
腹水中的恶变细胞〔犬，瑞氏染色，1000×5〕
〔恶变细胞的核仁明显，核染色质增多增粗、深染，染色质分布不均匀，排列紊乱〕

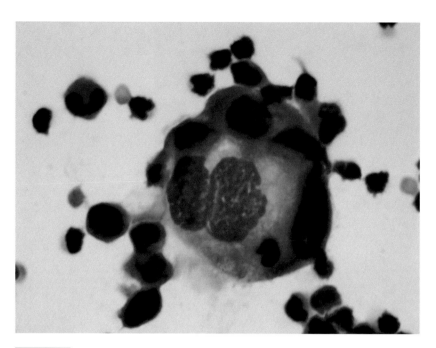

图 6-13

胸水中的恶变细胞（猫，瑞氏染色，1000×5）

（恶变细胞大小形态不一，细胞核数量增多，核仁明显；有的细胞蜕变形成裸核或细胞碎片）

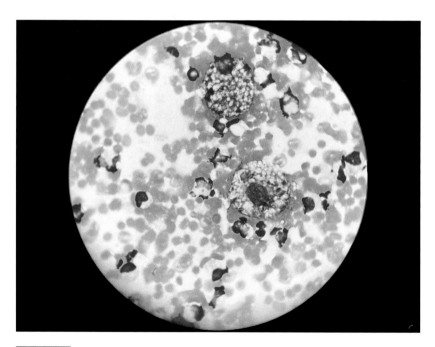

图 6-14

心包液中的类胆红素结晶（犬，瑞氏-吉姆萨染色，1000×）

［类胆红素结晶（图中棕黄色块状）被吞噬于巨噬细胞中，多见于慢性出血］

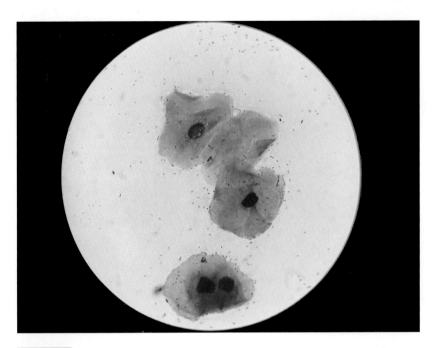

图 6-15

阴道分泌物涂片中未完全角化的鳞状上皮细胞（犬，瑞氏-吉姆萨染色，1000×）

（在发情期的阴道涂片中数量较多）

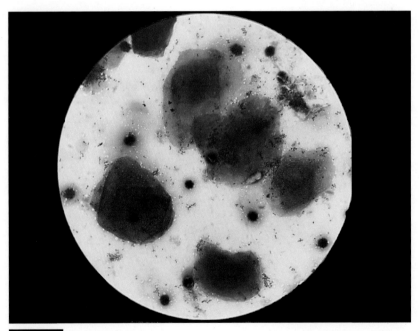

图 6-16

阴道分泌物涂片中完全角化的鳞状上皮细胞（犬，瑞氏-吉姆萨染色，1000×）

（在发情期的阴道涂片中数量较多）

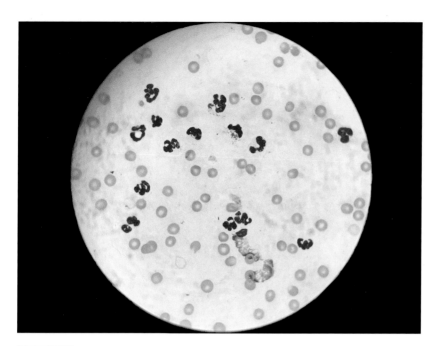

图 6-17

化脓性炎症脓液涂片（犬，瑞氏-吉姆萨染色，1000×）

（可见中性粒细胞退行性病变，内含被吞噬的短杆菌）

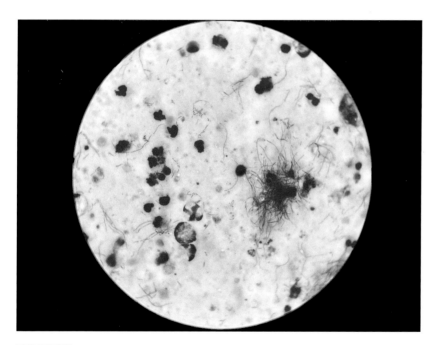

图 6-18

化脓性炎症脓液涂片（犬，瑞氏-吉姆萨染色，1000×）

（可见中性粒细胞退行性病变，图中并可见大量长杆菌）

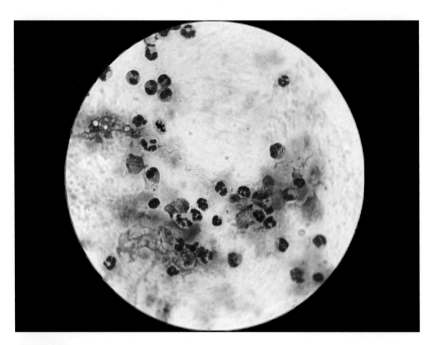

图 6-19

嗜酸性炎症（犬，体表肿物穿刺样品抹片，瑞氏-吉姆萨染色，1000×）

（可见大量包浆红染的嗜酸性粒细胞）

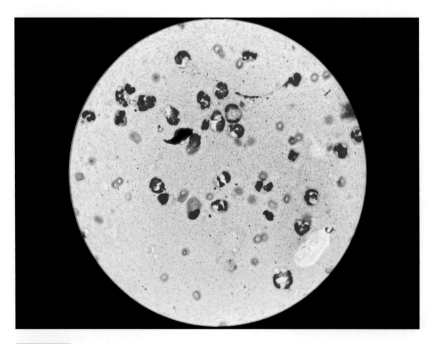

图 6-20

嗜酸性炎症（猫，体表肿物穿刺样品抹片，瑞氏-吉姆萨染色，1000×）

（可见大量包浆红染的嗜酸性粒细胞）

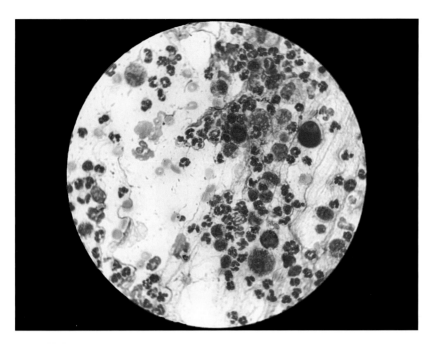

图 6-21

脓性肉芽肿性炎症（犬，体表肿物穿刺样品抹片，瑞氏-吉姆萨染色，1000×）

（可见大量中性粒细胞和数个巨噬细胞）

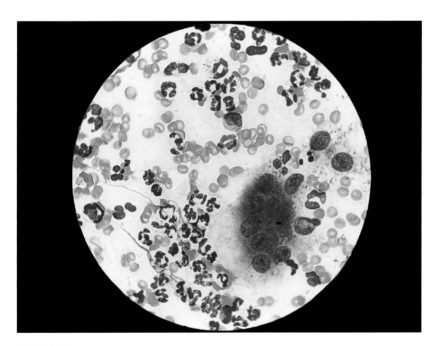

图 6-22

肉芽肿性炎症（犬，体表肿物穿刺样品抹片，瑞氏-吉姆萨染色，1000×）

［可见大量中性粒细胞和一个多核巨细胞（右下方有多个细胞核的蓝色细胞团）］

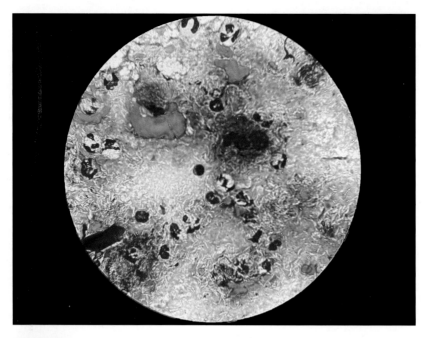

图 6-23

分枝杆菌感染〔猫，体表肿物穿刺样品抹片，瑞氏-吉姆萨染色，1000×〕

[可见两个巨噬细胞和大量不着色的分枝杆菌（图中白色的波浪、条纹状物）]

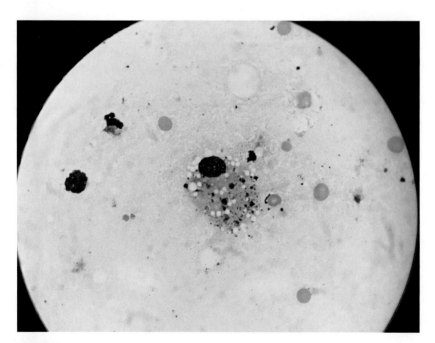

图 6-24

疫苗反应〔犬，体表肿物穿刺样品抹片，瑞氏-吉姆萨染色，1000×〕

（来源于疫苗注射后遗留的皮下包块，可见巨噬细胞胞质中大量大小不等的粉色至紫色颗粒物，为被吞噬的疫苗佐剂）

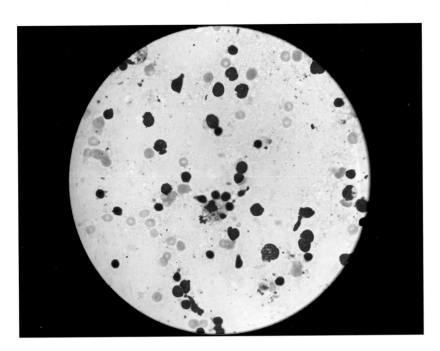

图 6-25
疫苗反应（犬，体表肿物穿刺样品抹片，瑞氏-吉姆萨染色，1000×）
（来源于疫苗注射后遗留的皮下包块，可见大量淋巴细胞）

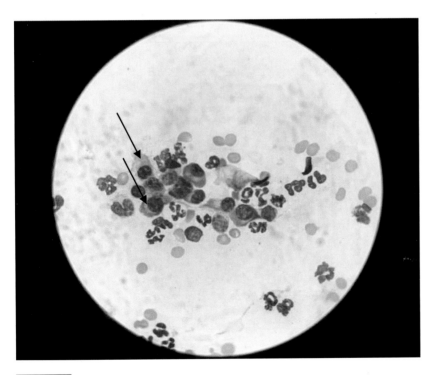

图 6-26
浆细胞性炎症（犬，体表肿物穿刺样品抹片，瑞氏-吉姆萨染色，1000×）
（可见数个浆细胞，胞质中具有明显的核周淡染区）

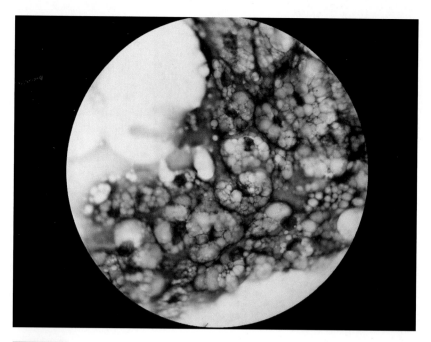

图 6-27

皮脂腺瘤（犬，体表肿物穿刺样品抹片，瑞氏-吉姆萨染色，1000×）

（成簇分布的皮脂腺上皮细胞，细胞核小，位于中心，细胞质空泡化）

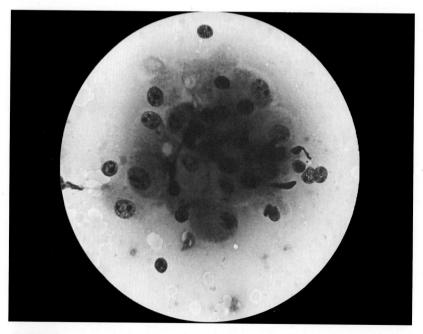

图 6-28

肛周腺瘤（犬，穿刺样品抹片，瑞氏-吉姆萨染色，1000×）

（成簇分布的肝样上皮细胞，核仁明显，胞质呈烟灰色）

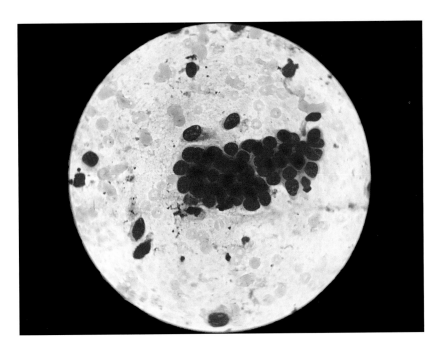

图 6-29

基底细胞瘤（犬，体表肿物穿刺样品抹片，瑞氏-吉姆萨染色，1000×）

（成簇分布的基底细胞，核质比高，核仁几乎不可见）

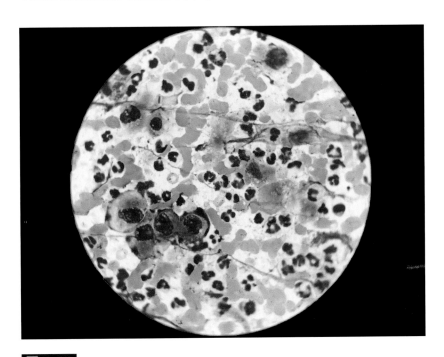

图 6-30

鳞状上皮细胞癌伴炎症（犬，体表肿物穿刺样品抹片，瑞氏-吉姆萨染色，1000×）

（可见散在的鳞状上皮细胞和大量中性粒细胞。鳞状上皮细胞核质比高，核染色质粗糙，胞质嗜碱性，部分可见空泡化）

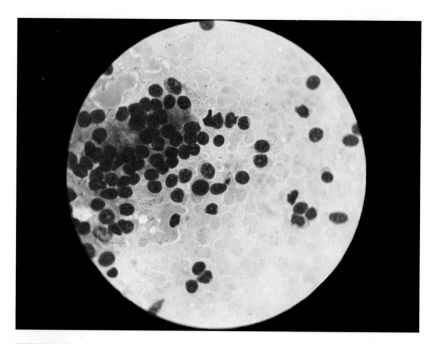

图 6-31

肛门囊腺癌（犬，穿刺样品抹片，瑞氏-吉姆萨染色，1000×）
（可见肿瘤细胞成簇和散在分布，部分细胞仅见裸核）

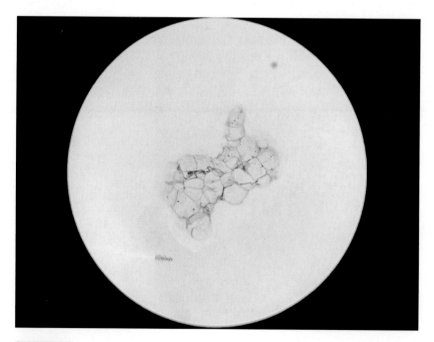

图 6-32

脂肪瘤（犬，体表肿物穿刺样品抹片，瑞氏-吉姆萨染色，100×）
（可见脂肪细胞成簇分布，细胞核小或不可见，细胞质空泡化，不着色）

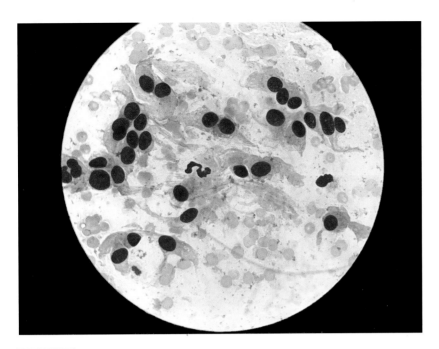

图 6-33

间质类肿瘤（犬，体表肿物穿刺样品抹片，瑞氏-吉姆萨染色，1000×）

（可见肿瘤细胞散在分布，细胞呈梭形，核仁明显。确定其来源需进一步组织病理学检查）

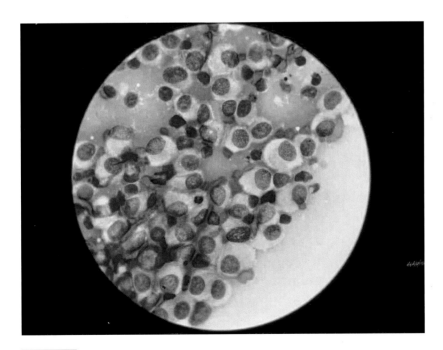

图 6-34

组织细胞瘤（犬，体表肿物穿刺样品抹片，瑞氏-吉姆萨染色，1000×）

（可见肿瘤细胞离散分布，细胞核圆形或卵圆形，细胞质浅蓝色）

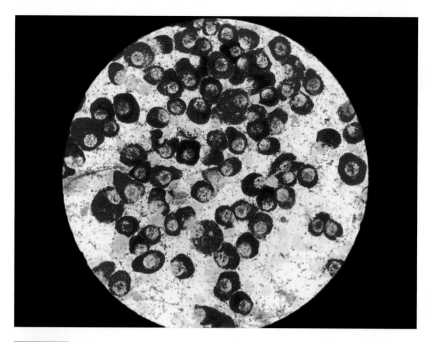

图 6-35

肥大细胞瘤（犬，体表肿物穿刺样品抹片，瑞氏-吉姆萨染色，1000×）

（可见大量肥大细胞，呈圆形，离散分布，可见细胞离散分布，胞质内大量紫红色颗粒）

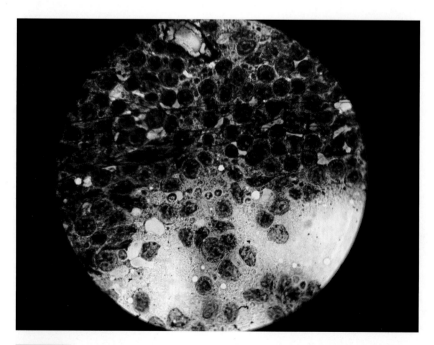

图 6-36

淋巴瘤（犬，肿胀淋巴结穿刺样品抹片，瑞氏-吉姆萨染色，1000×）

[可见细胞离散分布，胞质嗜碱性，核仁明显，背景可见淋巴小体（细胞质碎片）]

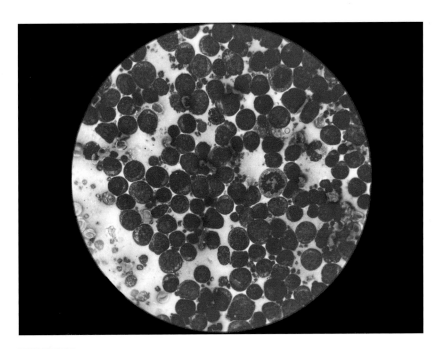

图 6-37

淋巴瘤（犬，肿胀淋巴结穿刺样品抹片，瑞氏-吉姆萨染色，1000×）

[可见淋巴细胞有丝分裂（图中部偏右之特殊细胞）]

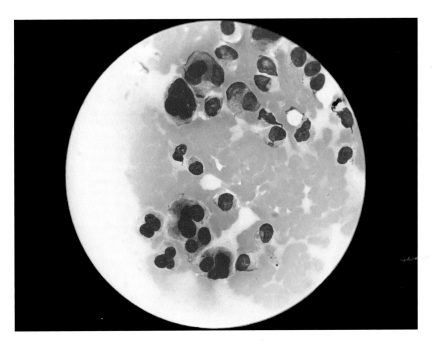

图 6-38

浆细胞瘤（犬，体表肿物穿刺样品抹片，瑞氏-吉姆萨染色，1000×）

（细胞呈圆形，离散分布，可见细胞双核或多核）

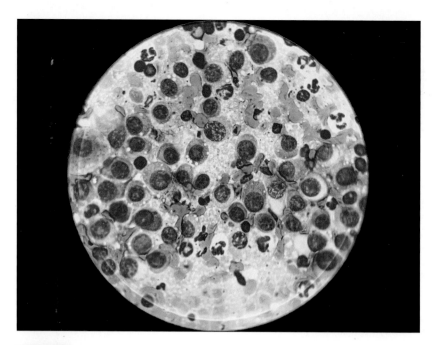

图 6-39

传染性性病肿瘤（犬，体表肿物穿刺样品抹片，瑞氏-吉姆萨染色，1000×）

（肿瘤细胞圆形，离散分布，部分细胞内可见大小均一、数量不等的空泡）

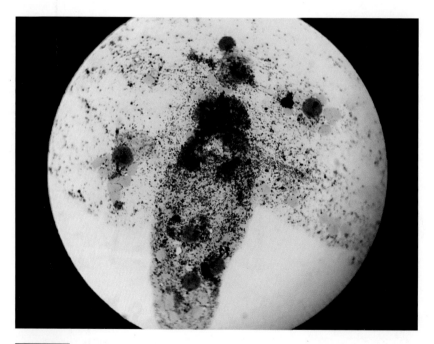

图 6-40

黑色素瘤（犬，体表肿物穿刺样品抹片，瑞氏-吉姆萨染色，1000×）

（细胞散在分布，可见细胞质和背景中大量藏青色颗粒）

参考文献

［1］ Amy C Valenciano，Rick L Cowell.Atlas of Canine and Feline Peripheral Blood Smears.1th Edition，2014.

［2］ Theresa E Rizzi，Amy Valenciano, Mary Bowles.Atlas of Canine and Feline Urinalysis.1th Edition，2017.

［3］ 周桂兰，高得仪，等.犬猫疾病实验室检验与诊断手册.北京：中国农业出版社，2010.

［4］ Margi Sirois.Laboratory Manual for Laboratory Procedures for Veterinary Technicians.7th Edition，2019.

［5］ Cowell and Tyler S.Diagnostic Cytology and Hematology of the dog and cat.5th Edition，2020.